农业农村部资助

农业文化遗产知识读本与保护指导

为什么保护农业文化遗产

绿水青山就是金山银山

◎ 闵庆文 著

U0321017

中国农业科学技术出版社

图书在版编目（CIP）数据

为什么保护农业文化遗产：绿水青山就是金山银山 / 闵庆文
著 . — 北京：中国农业科学技术出版社，2019.6
（农业文化遗产知识读本与保护指导）
ISBN 978-7-5116-4187-8

Ⅰ . ①为… Ⅱ . ①闵… Ⅲ . ①农业—文化遗产—保护—研
究—中国 Ⅳ . ① S

中国版本图书馆 CIP 数据核字（2019）第 088660 号

责任编辑 穆玉红
责任校对 马广洋

出 版 者 中国农业科学技术出版社
　　　　　北京市中关村南大街 12 号 邮编：100081
电 话 （010）82106626（编辑室） （010）82109702（发行部）
　　　　　（010）82109709（读者服务部）
传 真 （010）82106626
网 址 http://www.castp.cn
发 行 各地新华书店
印 刷 者 北京富泰印刷有限责任公司
开 本 710 mm×1 000 mm 1 /16
印 张 8.75
字 数 220 千字
版 次 2019 年 6 月第 1 版 2019 年 6 月第 1 次印刷
定 价 35.00 元
◀◀◀◀ 版权所有·侵权必究 ▶▶▶▶

拥抱农业文化遗产保护的春天
（代序）

尽管全球重要农业文化遗产（GIAHS）的研究与保护工作开展的时间不长，但因其理念新颖，并在中国等国家的强力支持下，已经取得了巨大成绩并展现出勃勃生机，为未来的健康发展奠定了基础。经过 10 多年的努力，参与的国家已经从最初的 6 个增加到 21 个，GIAHS 项目也从最初的 6 个增加到 57 个。最为重要的是，在 2015 年 6 月召开的联合国粮农组织第 39 次大会上，GIAHS 被列为联合国粮农组织业务工作之一。GIAHS 的重要性与保护紧迫性，已经取得了较为广泛的国际共识；首批试点国家在管理机制、保护与发展实践等方面取得的成绩，已经辐射到更大的范围；日本、韩国等国家表现出强劲的发展势头，发展中国家积极参与，一些欧美国家也开始表现出浓厚的兴趣。可以说，从世界范围看，全球重要农业文化遗产的春天已经到来。

中国的情况更是如此。

我们有独特的资源基础。我国是一个农业大国和农业古国，自然条件复杂。自人类历史文明以来，勤劳的中国人民运用自己的聪明智慧，与自然共荣共存，依山而住，傍水而居，经过一代代的努力和积累创造出了悠久而灿烂的中华农耕文明，成为中华传统文化的重要基础和组成部分，并曾引领世界农业文明数千年。其中所蕴含的丰富的生态哲学思想和生态循环农业理念，至今对于国际可持续农业的发展依然具有重要的指导意义和参考价值。

我们有成功的实践经验。作为最早响应并积极参与全球重要农业文化遗产保护倡议的国家之一，在短短 10 多年间，在联合国粮农组织的指导下，在地方政府和民众的热情参与和不同学科专家的支持下，经过农业农村部国际合作司、原农产品加工局及中国科学院地理科学与资源研究所等通力合作，使我国的农业文化遗产发掘与保护工作走在了世界的前列。我国已拥有 15 项全球重要农业文化遗产，数量居于世界各国之首；在国际上率先开展国家级农业文化遗产发掘与保护，现已认定4批91项中国重要农业文化遗产；在国际上率先颁布《重要农业文化遗产管理办法》，并确立了"在发掘中保护、在利用中传承"的指导思想，建立了"保护优先、合理利用，整体保护、协调发展，动态保护、功能拓展，多方参与、惠益共享"的保护原则和"政府主导、分级管理、多方参与"的管理机制；从历史文化、系统功能、动态保护、发展战略等方面开展了多学科综合研究，初步形成了一支包括农业历史、农业生态、农业经济、农业政策、农业旅游、乡村发展、农业民俗以及民族学与人类学等领域专家在内的研究队伍；通过技术指导、示范带动等多种途径，有效保护了遗产地农业生物多样性与传统农耕文化，促进了农业与农村的可持续发展，提高了农户的文化自觉性和自豪感，改善了农村生态环境，促进了农业发展方式的转变，带动了休闲农业与乡村旅游的发展，提高了农民收入与农村经济发展水平，产生了良好的生态效益、社会效益和经济效益。

我们迎来了前所未有的发展机遇。习近平总书记在中央农村工作会议上指出："农耕文化是我国农业的宝贵财富，是中华文化的重要组成部分，不仅不能丢，而且要不断发扬光大。""农村是我国传统文明的发源地，乡土文化的根不能断，农村不能成为荒芜的农村、留守的农村、记忆中的故园。"国务院办公厅以国办发〔2015〕59号形式发布的《关于加快转变农业发展方式的意见》指出："保持传统乡村风貌，传承农耕文化，加强重要农业文化遗产发掘和保护，扶持建设一批具有历史、地域、民族特点的特色景观旅游村镇。提升休闲农业与乡村旅游示范创建水平，加大美丽乡村推介力度。"2016—2018年，中央"一号文件"均将发掘保护农业文化遗产写入其中。这些无不昭示着农业文化遗产的充满无限希望的未来。

我们迎来了农业文化遗产保护的春天，我国农业文化遗产的发掘、保护、利用、传承，必将为实现中华民族伟大复兴的"中国梦"、为"让农业成为有奔头的产业，让农民成为体面的职业，让农村成为安居乐业的美丽家园"作出应有的贡献。

李文华

中国工程院院士

联合国粮农组织全球重要农业文化遗产原指导委员会主席

农业农村部全球／中国重要农业文化遗产专家委员会主任委员

目录

农业文化遗产的概念特点以及保护与发展 ①

农业文化遗产有广义和狭义之分。

广义的农业文化遗产指人类在历史时期农业生产活动中所创造的以物质或非物质形态存在的各种技术与知识集成。包括农业遗址、农业工具、农业文献、农业民俗、农业技术、农业物种、农业工程、农业景观、农业品牌、农业村落等10种类型。

狭义的农业文化遗产指历史时期创造并延续至今、人与自然协调、包括技术与知识体系在内的农业生产系统，特指联合国粮农组织（FAO）推进的全球重要农业文化遗产（GIAHS）与农业部推进的中国重要农业文化遗产（China-NIAHS）。

全球重要农业文化遗产（GIAHS）是指"农村与其所处环境长期协同进化和动态适应下所形成的独特的土地利用系统和农业景观，这些系统与景观具有丰富的生物多样性，而且可以满足当地社会经济与文化发展的需要，有利于促进区域可持续发展。"

中国重要农业文化遗产（China-NIAHS）是"人类与其所处环境长期协同发展中，创造并传承至今的独特的农业生产系统，这些系统具有丰富的农业生物多样性、传统知识与技术体系和独特的生态与文化景观等，对我国农业文化传承、农业可持续发展和农业功能拓展具有重要的科学价值和实践意义。"

农业文化遗产的特点可以归纳为以下几个方面。

一是"活态性"，即农业文化遗产是有人参与、至今仍在使用、具有较强的生产与生态功能的农业生产系统，系统的直接生产产品和间接生态与文化服务依然是农民生计保障和乡村和谐发展的重要基础。

二是"动态性"，即随着社会经济发展与技术进步以及满足人类不断增长的生存与发展需要，传统农业生产系统不断发生着变化，但这种变化是系统稳定基

---

① 本文原刊于《农民日报》2013年2月8日第4版。

础上的结构与功能的调整。

三是"适应性"，指随着不同地区或不同历史时期自然条件的变化，传统农业生产系统不断发生着适应性的变化，这种变化是系统稳定基础上的协同进化，充分体现出人与自然和谐的生存智慧。

四是"复合性"，即农业文化遗产不仅包括一般意义上的传统农业知识和技术，还包括那些历史悠久、结构合理的传统农业景观，以及独特的农业生物资源与丰富的生物多样性，体现了自然遗产、文化遗产、文化景观、非物质文化遗产的复合特点。

五是"战略性"，即农业文化遗产对于应对全球化和全球变化带来的影响，保护生物多样性，保障生态安全与粮食安全，有效缓解贫困，促进农业可持续发展和农村生态文明建设等，均具有重要的战略意义。

六是"多功能性"，即农业文化遗产具有多样化的物质性生产和巨大的生态与文化价值，充分体现出食品保障、原料供给、就业增收、生态保护、观光休闲、文化传承、科学研究等多种功能。

七是"可持续性"，历经千百年传承至今的农业文化遗产，是一类典型的社会—经济—自然复合生态系统，具有结构合理的生态系统、多样产出的经济系统和和谐稳定的社会系统，是人地和谐、可持续发展的典范。

八是"濒危性"，主要是由于政策与技术原因以及比较效益等，使传统农业系统面临着威胁，主要表现为农业生物多样性的减少或丧失、传统农业技术和知识体系的消失以及农业生态系统结构与功能的破坏。

根据近几年的研究和实践，农业文化遗产的保护与发展主要有三种途径：

一是挖掘农业文化遗产的生态与文化价值，实施补偿机制。因为农业文化遗产在维持生态平衡、改善农田环境、保护生物多样性、保障粮食安全、传承农耕文化等方面具有重要价值，应当建立相应的补偿机制。

二是开发生态产品与特色产品，实现产品增值。农业文化遗产地经济相对落后，互利共生的生态作用使农业生态环境处于较好状态，加上独特的农作物品种、传统的耕作方式和深厚的民族文化，为发展有机农业、开发生态产品和特色产品提供了良好的基础。

三是发展生态与文化旅游，实现功能拓展。农业文化遗产地因其具有悠久的农业历史、独特的农业景观、良好的生态环境与多样的民俗文化，旅游资源十分丰富，具有旅游发展的巨大潜力，十分适合休闲农业和乡村旅游的发展。

农业文化遗产的五大核心价值 ①

　　与世界自然和文化遗产一样，农业文化遗产也具有"突出的普遍价值"。所不同的是，作为以活态性、复合性、可持续性、多功能性、濒危性为主要特点的传统农业生产系统，农业文化遗产的"突出的普遍价值"有自己的内涵，主要表现在生态与环境价值、经济与生计价值、社会与文化价值、科研与教育价值、示范与推广价值等五个方面。这些价值从不同方面体现了农业文化遗产功能与价值的多样性。充分认识并挖掘农业文化遗产的多种价值，是农业文化遗产科学保护和合理利用的前提。

　　一是生态与环境价值。首先，农业文化遗产具有丰富的农业生物多样性，像青田的田鱼、哈尼梯田的红米与紫米、敖汉的小米、从江的糯禾、万年的贡米、绍兴的香榧、宣化的牛奶葡萄和普洱的古茶树资源等种质资源都具有重要的遗传价值，而且农业文化遗产的物种多样性、生态系统多样性甚至是景观多样性也很突出。其次，农业文化遗产系统具有多种生态服务功能，特别是控制水土流失、提高对病虫与极端气候条件的抵御与适应能力、调节气候、涵养水源、提高土壤肥力、提高资源利用效率、控制农业有害生物、减少温室气体排放、维持农业生态系统稳定性等，从而使农业文化遗产地具有良好的生态与环境质量，改善了当地居民的生活条件，成为发展特色生态农产品的资源优势。

　　二是经济与生计价值。首先，独特的品种资源为发展特色农业、品牌农业奠定了生物资源基础，良好的生态条件为发展生态农业、有机农业提供了环境保障，浓郁的民族习俗与地域特色，促进了文化农业、休闲农业的发展，多物种互利共生减少了化肥农药投入，降低了生产成本，这些都有助于提高农产品的价格、扩大增收途径、提高农业生产的经济效益，增加农民收入。其次，农业文化遗产系统内的粮食、蔬菜、果品、肉类、油料、木材、药材、燃料、染料、糖料

① 本文原刊于《农民日报》2014 年 1 月 17 日第 4 版。

等等多种产出，提供充足营养，改善人们生活，确保食物安全，提高了当地居民的生计保障水平与福祉。

三是社会与文化价值。首先，贫困山区土地资源短缺，农村劳动力剩余较多，以劳动集约为主要特征的传统农业生产方式在一定程度上可以缓解农村剩余劳动力带来的压力，土地利用类型的多样化和资源管理的有效性、资源利用的多样性，提高了适应本地自然条件的生存能力。其次，包括农耕文化以及与系统密切相关的乡规民约、宗教礼仪、风俗习惯、民间传说、歌舞艺术以及饮食文化、服饰文化、建筑文化等丰富多彩，维持了文化多样性，促进了传统文化的传承。

四是科研与教育价值。首先，农业文化遗产中蕴藏着许多科技秘密，生物种群间的相互作用机制，物种资源的遗传价值，生态系统的多种服务功能，减缓与适应气候变化的能力，社会—经济—自然复合生态系统的稳定性维持机制，对于现代生态农业和可持续农业发展的启示等，农业文化遗产为这些领域的多学科综合研究提供了天然实验室；其次，农业文化遗产还是重要的生态、文化、传统教育基地，为人们展示了先民的勤劳、勇敢与智慧。

五是示范与推广价值。首先表现在农业文化遗产中的传统知识与技术体系的示范与推广，农业文化遗产地是展示传统农业辉煌成就的窗口，为现代农业生产提供了宝贵经验；农业文化遗产保护，可以为可持续农业发展和乡村振兴提供示范案例。以稻鱼共生系统为例，由于它是一种典型的传统生态农业模式，具有增产、增收、节支等多种优点以及改善农民生活等特点，因此，在适合发展稻鱼共生系统的地区，这种生产方式可进行推广。目前，中国有20多个省市自治区都有稻鱼共生系统，浙江青田的农业文化遗产保护经验对全国各地稻鱼共生系统具有重要示范与推广价值。其次表现在，农业文化遗产重要价值与保护理念的示范与推广，目前国内外越来越多的地方积极申报就是一个明证。

总之，农业文化遗产是传统农业的精华、生态农业的源泉、未来农业的希望，是古老智慧的结晶、美丽乡村的典范、难以忘记的"乡愁"。

延伸阅读 ❯

农业文化遗产保护的现实意义

20 年来，我国自然与文化遗产保护意识不断增强，这不仅是因为被列入世界遗产名录能够提高一个国家、一个地区或一个城市在世界范围内的知名度，更为重要的是，自然与文化遗产保护事业在一定程度上还展示了一个国家文明进步的程度和教育科技文化发展的水平。需要指出的是，除联合国教科文组织的《世界文化与自然遗产名录》所列类型之外，还有许多其他具有重要意义的遗产类型也需要我们的关注和保护，农业文化遗产就是其中之一。

所谓农业文化遗产，是指人类在长期农业生产实践中以其深邃的文化和智慧创造出的人与自然和谐和可持续的生产体系。2002 年，联合国粮农组织发起对全球重要农业文化遗产（GIAHS）的保护，并在世界范围内迅速得到认可与广泛支持。截至 2012 年底，已经有 11 个国家的 19 个传统农业系统被列为全球重要农业文化遗产保护试点。

农业文化遗产主要体现的是人类长期的生产、生活与大自然所达成的一种和谐与平衡农业，农业文化遗产的保护不仅为现代高效生态农业的发展保留了杰出的农业景观，维持了可恢复的生态系统，传承了具有重要价值的传统知识和深邃的文化内涵，同时也保存了有全球重要意义的农业生物多样性。首先，农业文化遗产不仅包括一般意义上的农业文化和知识技术，还包括那些历史悠久、结构合理的传统农业景观和系统，是一类典型的社会—经济—自然复合生态系统，体现了自然遗产、文化遗产、文化景观、非物质文化遗产的综合特点。其次，农业文化遗产"不是关于过去的遗产，而是关乎人类未来的遗产"。农业文化遗产所包含的农业生物多样性、传统农业知识、技术和农业景观一旦消失，其独特的、具有重要意义的环境和文化效益也将随之永远消失。第三，农业文化遗产保护强调农业生态系统适应极端条件的可持续性，多功能服务维持社区居民生计安全的可持续性，传统文化维持社区和谐发展的可持续性。

我国自古就有保护自然的优良传统，并在长期的农业实践中积累了朴素而丰富的经验。几千年以来，中国古代哲学的整体性观念、"天人合一"学说、"相生相克"学说等在传统农业的发展中得到了充分体现和应用，并为现代生态农业的发展奠定了基础，成为国际可持续农业运动中的一个重要方面。数千年的农耕文化历史，加上不同地区自然与人文的巨大差异，形成的种类繁多、特色明显、经济与生态价值高度统一的农业文化遗产系统。像已经被列为 GIAHS 保护试点的稻鱼共生系统、稻作梯田系统、稻作文化系统、稻鱼鸭系统、古茶园与茶文化系统、旱作农业系统，以及坎儿井、砂石田、间作套种、淤地坝、桑基鱼塘、农林复合系统等，都是极具重要历史价值和现实意义的农业文化遗产。

显然，农业文化遗产不仅体现在所蕴含的思想与理念上，而且具有重要的现实意义。大量的研究和实践表明：传统农业不仅可以为目前所倡导的"生态农业""循环农业""低碳农业"在思想和方法上提供有益的借鉴，而且对于保护农业生物多样性与农村生态环境、彰显农业的多功能特征、传承民族文化、开展科学研究、保障食物安全等均具有重要的意义。一些地方的实践更是表明：如果给予足够的重视和合理的利用，那些保持着传统农业特征的地方，不仅能够产生显著的生态效益和社会效益，同样也能够产生显著的经济效益。

建设生态文明、建设美丽中国、实现中华民族永续发展，是党的十八大提出的宏伟目标。保护农业文化遗产，挖掘传统农业的价值，促进现代生态农业的发展，对于农村生态文明建设、农村生态环境改善、农村经济社会可持续发展和美丽乡村建设，无疑具有十分重要的意义。

本文作者为李文华（中国工程院院士、中国科学院地理科学与资源研究所研究员，时任联合国粮农组织全球重要农业文化遗产项目指导委员会主席），本文原刊于《农民日报》2013 年 1 月 18 日第 4 版。

农业文化遗产对乡村振兴的意义 [①]

1 乡村振兴是全球面临的共同课题

城乡差距扩大、乡村衰落是当今中国快速发展中的现实境遇。

随着工业化和城镇化发展，城市膨胀的同时出现了农村的衰落。农村劳动力从农业向非农产业转移和其中一部分人口向城镇流动，这一过程的直接显现就是农村资源或要素的"过度"流出，弱化了农业与农村发展所必要的人力、物力、财力和聚集力，主要表现为农村居住人口过度减少而导致所谓"空心化"现象，同时伴以居住人口和农业从业人口"老龄化"现象，以及农村产业发展缓慢、传统乡村文化消失、农村生态环境恶化和乡村人才流失等。

其实不仅在中国，世界各地也面临着共同的问题。据研究，大多数国家都在不断推进城市化进程，以促进经济发展和提高国民生活水平，但与之相应的则是乡村发展活力的不断降低。无论是发达国家还是发展中国家，概莫如此。从某种意义上说，乡村衰落是全球面临的共同挑战，乡村振兴是全球面临的共同课题。

以我们的近邻日本为例。20 世纪 60 年代，随着日本经济的快速增长，农村劳动力不断向城市流动，许多农村出现了衰落，主要表现为农村劳动力高龄化与兼业化现象严重、村落数量不断减少、农村经济几近停滞、农业后继者匮乏，土地抛荒、半抛荒现象较为普遍，城乡差距不断扩大。

正是为了解决这些难题，日本开展了农村振兴运动，并在 70 年代末又发起了造村运动，旨在以振兴产业为手段，促进地方经济发展，振兴逐渐衰落的农村。

2017 年 10 月 18 日，习近平总书记在党的十九大报告中提出乡村振兴战略。2017 年 12 月 29 日，中央农村工作会议进一步提出走中国特色社会主义乡村振

---

① 本文作者为闵庆文、曹幸穗，原刊于《中国投资》2018 年 17 期 47–53 页。

兴道路，并按照党的十九大提出的决胜全面建成小康社会、分两个阶段实现第二个百年奋斗目标的战略安排，明确了实施乡村振兴战略的目标任务与时间表。

2018 年 3 月 8 日，习近平总书记在十三届人大一次会议期间参加山东代表团审议时，强调实施乡村振兴战略"是党的十九大作出的重大决策部署""是一篇大文章""要统筹谋划、科学推进"，并提出"五个振兴"的科学论断，对实施乡村振兴战略目标和路径给出明确指示，这五个振兴即乡村产业振兴、乡村人才振兴、乡村文化振兴、乡村生态振兴、乡村组织振兴。

2　农业文化遗产富含乡村振兴的多种资源

中国 5 000 年以上的游牧和农耕历史中衍生出灿烂的农业文明，这些珍贵的农业文化遗产，至今依然发挥着重要的作用。不仅在中国，在世界上其他地方，也存在着各种各样的农业文化遗产，对当地百姓的生计、社会进步和文化传承起到了重要的作用。

2002 年联合国粮农组织发起了"全球重要农业文化遗产"倡议，中国成为这项事业的最早响应者、成功实践者、重要推动者和主要贡献者。

这里所说的"农业文化遗产"，是以活态性、系统性、多功能性为主要特征的新的遗产类型，是劳动人民在与所处环境长期协同发展中世代传承并具有丰富的农业生物多样性、完善的传统知识与技术体系、独特的生态与文化景观的农业生产系统。

农业文化遗产蕴含的丰富的生物、技术、文化"基因"，对于乡村振兴战略实施具有重要的现实意义。

品种单一化是一个全球性问题，并产生了一系列负面影响：容易发生大范围的突发性病虫害或其他生物灾害；不能满足不同消费需求的差异化供应，出现"万国一色，千种一味"的市场格局；难以满足人们对农产品功能特色越来越高的要求。通过发掘农业文化遗产，将有助于坚持农业育种的多元化方向、克服过度追求产量导向的单一化育种倾向；有助于坚持良种选育的优质化、特色化、地方化目标，重视传统优质品种的提纯复壮和推广利用，形成具有显著地方特色的农业生产和农产品质量的优势；有助于进一步发掘并利用好地理标志品种资源和农业良种资源。

以化肥农药施用为主要特征的现代农业，造成土壤劣化、环境污染、肥力下降的弊端，也促进了当前世界范围内发展生态循环农业的热潮。传统农业可以称为无污染农业、零排放农业，因为它的生产过程和产后加工利用，都没有或很少向环境排放废弃物，做到了综合利用、循环利用、绿色利用。我国传统农业中的桑基鱼塘、稻鱼共生、农林复合、农牧结合等等，都是生态循环农业的成功范例。

可持续的农业绿色发展已在国际范围内取得广泛共识。在农业结构调整的"提质增绿"方面，可以借鉴我国农业文化遗产的优良传统：我国历史上选育了大批作物优良品种，在当前的"稳量提质"结构调整中可以发挥重要作用；在栽培技术取向上，坚持绿色环保的技术措施，恢复"绿肥养田，厩肥养稼"的农业技术，可以使田园增绿，品种增优；采用传统农业的生物防治技术，发展中医农业，可以有效避免化学合成肥料和生物激素对农产品品质的影响；倡导循环农业和生态农业的种植方式，减少环境污染，确保农业产品的优质安全，可以促进绿色农业、绿色产品、绿色乡村的绿色发展目标的实现。

作为农业文化遗产系统重要组成部分的乡村民俗文化，也是中华优秀传统文化的重要组成部分，对于农耕文化传承、农村社会和谐，同样具有重要意义。

农耕文化是中国五千年文明发展的物质基础和文化基础，是中华优秀传统文化的重要组成部分，是构建中华民族精神家园、凝聚炎黄子孙团结奋进的重要文化源泉。历经千百年而不衰的农业文化遗产，是中华文化的重要组成部分，是"人与自然和谐相处"的典范。

3　农业文化遗产地将成为乡村振兴示范区

自 2005 年浙江青田稻鱼共生系统被联合国粮农组织认定为全球重要农业文化遗产保护试点以来，经过 10 多年的发展，在农业农村部的统一领导下，在中国科学院等单位的技术支持下，中国不仅以 15 项全球重要农业文化遗产的数量位居各国之首，而且在探索生态保护、经济发展、文化传承等方面进行了有益探索，取得了显著成效。

从农业农村部发布的 4 批 91 项、涉及 104 个县区市的中国重要农业文化遗产可以明显看出这些地方的一些显著特点。

一是基础设施薄弱、经济发展落后。在 104 个县区市中，有 40 多个属于国家重点贫困县，是实施精准脱贫的重点地区。即使像浙江青田这样的东部地方，也因"九山半水半分田"的自然条件，农村基础设施建设和农业经济发展相对滞后。

二是生态系统脆弱、生物资源丰富。所认定的农业文化遗产地中，绝大多数位于高原、山区、洼地、旱地、水源保护地等，生态系统脆弱但服务功能重要，属于重要生态功能区。同时，这些地方不仅保留了青田田鱼、梯田紫米、从江香禾、兴化龙香芋等独特的地方农业物种资源，也是生物多样性富集的地区。

三是传统知识丰厚、技术体系完善。由于受到现代技术的影响相对较小，许多农业文化遗产地依然保留着农业生产、资源管理的传统知识与技术。不仅有桑基鱼塘、稻田养鱼、农林复合这些典型的生态农业模式，也有木刻分水、坎儿井这样的资源保护与利用技术。

四是文化资源富集、乡村景观优美。"农耕文化是中华文化的根"在农业文化遗产地表现得尤为显著，那里不仅有青田鱼灯舞、从江侗族大歌、哈尼四季生产调等一大批国家甚至世界非物质文化遗产，也有田鱼干炒粉干、九层糕等地域特色明显的饮食文化，还有森林—村落—梯田—水系组成的完美稻作梯田系统以及垛田、古香榧群、古桑树群、古枣园等乡村景观。

五是人口数量较多、人才资源短缺。人多地少、人才缺乏、劳动力资源富集是农业文化遗产地的一大特色，如何有序推进城镇化、实施劳动力转移、提高劳动力素质是乡村发展的重要课题。

农业文化遗产地应当针对上述特点，充分利用资源优势与"后发"优势，实现"五个振兴"。

产业振兴方面，应当围绕农村一二三产业融合发展，充分发掘遗产地的生物、生态、文化与景观资源优势，构建新型乡村产业体系，因地制宜、突出特点、发挥优势，形成既有市场竞争力又能持续发展的产业体系，开发"有文化内涵的生态农产品"。内蒙古自治区敖汉旗紧紧抓住"全球环境500佳""全球重要农业文化遗产"两个金字招牌，做大做强小米产业，就是一个成功案例。

人才振兴方面，应当在重视引进外来优秀人才的同时，更加重视本土人才的培养与利用，注重吸引知识青年回归故土，注重劳动者能力的提高。青田县归国华侨金岳品、敖汉旗返乡创业的大学生刘海庆、红河县村民致富的带头人郭武六都是这方面的突出代表。

文化振兴方面，应当本着扬弃的态度，发掘传统文化中的优秀成分，弘扬主旋律和社会正气，培育文明乡风、良好家风、淳朴民风，使乡村社会更加互助发展，乡邻和睦，乡风文明。同时，利用丰厚的文化资源促进多功能农业与文化创意产业的发展，探索文化农业新路径，实现经济与文化的同步发展。

　　生态振兴方面，科学合理利用自然资源，有效保护生态环境与生态系统功能，治理美化乡村生活环境。让良好生态环境成为乡村振兴的支撑点，贯彻"绿水青山就是金山银山"的发展理念，将生态系统保护、资源持续利用贯穿于农业绿色发展之中。真正使乡村成为山清水秀、生态宜居的美丽乡村。

　　组织振兴方面，在建立健全基层党组织的同时，充分发挥传统社会治理的积极因素，坚持法治、德治、村民自治相结合的治理结构，利用行之有效的乡规民约，构建新型乡村社会治理体制。

　　在农业文化遗产地，通过乡村振兴战略的实施，实现乡村经济发展、乡土文化传承、乡村社会和谐、乡村生态健康有着特别的意义，而且通过探索出一条经济发展、生态保育与文化传承的农业文化遗产保护之路，可以为世界农业与农村可持续发展贡献出"中国方案"。

延伸阅读 ❯

弘扬优秀农业文化 走中国特色农业现代化道路 ①

我国是历史悠久的文明古国，也是幅员辽阔的农业大国。长期以来，我国劳动人民在农业实践中积累了认识自然、改造自然的丰富经验，并形成了自己的农业文化。农业文化是中华五千年文明发展的物质基础和文化基础，是中华优秀传统文化的重要组成部分，是构建中华民族精神家园、凝聚炎黄子孙团结奋进的重要文化源泉。

党的十八大提出，要"建设优秀传统文化传承体系，弘扬中华优秀传统文化"。习近平总书记强调指出，"中华优秀传统文化已经成为中华民族的基因，植根在中国人内心，潜移默化影响着中国人的思想方式和行为方式。今天，我们提倡和弘扬社会主义核心价值观，必须从中汲取丰富营养，否则就不会有生命力和影响力。"云南哈尼族稻作梯田、江苏兴化垛田、浙江青田稻鱼共生系统，无不折射出古代劳动人民吃苦耐劳的精神，这是中华民族的智慧结晶，是我们应当珍视和发扬光大的文化瑰宝。现在，我们提倡生态农业、低碳农业、循环农业，都可以从农业文化遗产中吸收营养，也需要从经历了几千年自然与社会考验的传统农业中汲取经验。实践证明，做好重要农业文化遗产的发掘保护和传承利用，对于促进农业可持续发展、带动遗产地农民就业增收、传承农耕文明，都具有十分重要的作用。

中国政府高度重视重要农业文化遗产保护，是最早响应并积极支持联合国粮农组织全球重要农业文化遗产保护的国家之一。经过十几年工作实践，我国已经初步形成"政府主导、多方参与、分级管理、利益共享"的农业文化遗产保护管理机制，有力地促进了农业文化遗产的挖掘和保护。2005 年以来，已有 11 个遗产地列入"全球重要农业文化遗产名录"，数量名列世界各

---

① 本文为农业农村部部长韩长赋为《中国重要农业文化遗产系列读本》第二辑（闵庆文、邵建成主编，中国农业出版社，2017）所作序言。标题为新加。

国之首。中国是第一个开展国家级农业文化遗产认定的国家，是第一个制定农业文化遗产保护管理办法的国家，也是第一个开展全国性农业文化遗产普查的国家。2012 年以来，农业部分三批发布了 62 项"中国重要农业文化遗产"，2016 年发布了 28 项全球重要农业文化遗产预备名单。2015 年颁布了《重要农业文化遗产管理办法》，2016 年初步普查确定了具有潜在保护价值的传统农业生产系统 408 项。同时，中国对联合国粮农组织全球重要农业文化遗产保护项目给予积极支持，利用南南合作信托基金连续举办国际培训班，通过 APEC、G20 等平台及其他双边和多边国际合作，积极推动国际农业文化遗产保护，对世界农业文化遗产保护做出了重要贡献。

当前，我国正处在全面建成小康社会的决定性阶段，正在为实现中华民族伟大复兴的中国梦而努力奋斗。推进农业供给侧结构性改革，加快农业现代化建设，实现农村全面小康，既要借鉴世界先进生产技术和经验，更要继承我国璀璨的农耕文明，弘扬优秀农业文化，学习前人智慧，汲取历史营养，坚持走中国特色农业现代化道路。《中国重要农业文化遗产系列读本》从历史、科学和现实三个维度，对中国农业文化遗产的产生、发展、演变以及农业文化遗产保护的成功经验和做法进行了系统梳理和总结，是对农业文化遗产保护宣传推介的有益尝试，也是我国农业文化遗产保护工作的重要成果。

我相信，这套丛书的出版一定会对今天的农业实践提供指导和借鉴，必将进步提高全社会保护农业文化遗产的意识，对传承好弘扬好中华优秀文化发挥重要作用！

保护农业文化遗产　传承中华农耕文明

党的十八大提出，要"建设优秀传统文化传承体系，弘扬中华优秀传统文化"。习近平总书记在中央农村工作会议上指出，"农耕文化是我国农业的宝贵财富，是中华文化的重要组成部分，不仅不能丢，而且要不断发扬光大"。当前，深入贯彻中央有关决策部署，采取切实可行的措施，加快中国重要农业文化遗产的发掘、保护、传承和利用工作，是各级农业行政管理部门的一项重要职责和使命。

充分认识发掘中国重要农业文化遗产的重大意义

我国农耕文化源远流长、内容丰富，是中华文明立足传承之根基。中华民族在长达数千年的生息发展过程中，凭借着独特而多样的自然条件和勤劳与智慧，创造了种类繁多、特色明显、经济与生态价值高度统一的传统农业生产系统，不仅推动了农业的发展，保障了百姓的生计，促进了社会的进步，也由此衍生和创造了悠久灿烂的中华文明，是老祖宗留给我们的宝贵遗产。挖掘、保护和传承这些重要农业文化遗产，具有十分重要的意义。

发掘农业文化遗产是传承弘扬中华文化的重要内容。农业文化遗产蕴含着天人合一、以人为本、取物顺时、循环利用的哲学思想，具有较高的经济、文化、生态、社会和科研价值，是中华民族的文化瑰宝。深入发掘其中蕴含的精髓，并以动态保护的形式进行展示，能够向公众宣传优秀的生态哲学思想，增强国民对民族文化的认同感、自豪感，带动全社会对民族文化的关注和认知，促进中华文化的传承和弘扬。

发掘农业文化遗产是填补我国遗产保护领域空白的有力举措。农业文化遗产是古人创造并传承至今的独特农业生产系统，具有丰富的生物多样性、传统的知识技术体系、独特的生态理念和文化景观。顺应时代的要求，发掘这些文化遗产的价值，并加以传承和利用，不仅可以填补农业领域文化遗产保护空白，而且对推动农业可持续发展和农业功能拓展具有重要的科学价值和实践意义。

发掘农业文化遗产是推动我国农业可持续发展的基本要求。农业文化遗产具有悠久的历史渊源、独特的农业产品、丰富的生物资源、完善的知识技术体系、较高的美学和文化价值，在活态性、适应性、复合性、战略性、多功能性和濒危性等方面具有显著特征。发掘农业文化遗产，是应对生态环境、农产品质量安全等问题的重要途径，是推动传统文化与现代技术结合、探寻可持续发展道路的重要手段。

发掘农业文化遗产是促进农民就业增收的有效途径。农业文化遗产既是重要的农业生产系统，又是重要的文化和景观资源。通过对农业文化遗产的发掘，在动态保护的基础上，将农业文化宣传展示与休闲农业发展有机结合，既能为休闲农业发展提供资源载体，为遗产保护提供资金、人力支持，增强产业发展后劲，又能有效带动遗产地农民的就业增收，提高当地农民保护农业文化遗产的自觉性，推动当地经济社会协调可持续发展。

准确把握中国重要农业文化遗产发掘的机遇挑战

随着经济的全球化和科技的现代化，大力发展生态农业，走农业可持续发展道路备受关注。在这样的背景下，发掘和保护农业文化遗产，面临着一系列难得的机遇。

一是国家生态文明建设为农业文化遗产保护指明了方向。党的十八大指出，"要将生态文明建设放在突出位置"，将"尊重自然、顺应自然、保护自然"的理念"融入经济建设、政治建设、文化建设、社会建设各方面和全过程"。党中央的决策部署，为挖掘、保护、传承和利用这些农业文化遗产，让古老的、鲜活的传统农业系统重新焕发生机带来了重大机遇。

二是中国重要农业文化遗产发掘工作激发了各地保护的积极性。为加强对我国重要农业文化遗产的挖掘、保护、传承和利用，农业部开展了中国重要农业文化遗产发掘工作。在各地挖掘整理基础上，农业部认定了河北宣化传统葡萄园等39个传统农业生产系统为中国重要农业文化遗产，受到了社会各界的广泛关注，极大地提高了各地保护农业文化遗产的意识。

三是全球重要农业文化遗产发掘工作为我国做出了示范。近年来，农业文化遗产开始受到各国政府和国际组织的关注和重视。2002年，联合国粮农组织启动了全球重要农业文化遗产保护试点项目，我国已有11个项目陆续被认定为全球重要农业文化遗产，是世界上认定最多的国家。

虽然我国重要农业文化遗产发掘工作取得了一定成效，走在了世界前列，但在经济快速发展、城镇化加快推进和现代技术应用的过程中，由于缺乏系统有效的保护，一些重要农业文化遗产正面临着被破坏、被遗忘、被抛弃的危险。发掘和保护农业文化遗产仍存在一系列挑战。

一是农业文化遗产底数不清。中国民族众多，地域广阔，生态条件差异大，由此而创造和发展的农业文化遗产类型各异、功能多样。但截至目前，全国范围内尚未对农业文化遗产进行系统普查，更谈不上对农业文化遗产进行价值评估和等级确定。

二是农业文化遗产保护意识亟待提高。一些地方政府没有从关乎人类未来的发展的高度认识保护工作的重要性，片面认为农业文化遗产只代表过去，而没有认识到遗产一旦消失，其独特的物种资源、生产技术、生态环境和文化效益也将随之永远消失。

三是对农业文化遗产的精髓挖掘不够。没有系统地发掘农业文化遗产的历史、文化、经济、生态和社会价值，在活态展示、宣传推介和科研利用方面没有下大力气，导致传统理念与现代技术的创新结合不够，不利于农业文化遗产的传承和永续利用。

四是发掘与保护机制有待健全。虽然各地探索了一些有关农业文化遗产保护与传承的方法和途径，但仍存在重开发、轻保护，重眼前、轻长远，重生产功能、轻生态功能的做法，忽视遗产地农民的利益和农业的持续发展，难以实现遗产地文化、生态、社会和经济效益的统一。

科学谋划中国重要农业文化遗产发掘的思路举措

农业文化遗产是文化遗产的重要组成部分。加强重要农业文化遗产的发掘保护，是各级农业部门的重要职责，是贯彻党的十八大精神，建设美丽中国和美丽乡村的具体举措。我们一定要按照党的十八大精神要求，提升保护意识，完善保护机制，深挖科学内涵，提高保护成效，着力发掘与保护好祖先留下的宝贵财富，为人类社会发展做出新的更大的贡献。

一要加强组织领导。各级农业行政管理部门要肩负起发掘保护农业文化遗产牵头单位的作用，按照农业部的部署要求，制定工作方案，完善工作措施，落实工作责任，切实加大工作力度，着力推动本地农业文化遗产发掘工作。遗产所在地人民政府要从战略和全局出发，把农业文化遗产发掘保护与发展现代农业、促进农民增收和建设美丽乡村有机结合起来，切实发挥政府部门在农业文化遗产保护工作中的主导作用。

二要做好基础工作。各级农业行政管理部门要会同有关部门对辖区内的农业文化遗产进行系统普查，摸清遗产底数，做到心中有数。要组织专家对普查的农业文化遗产进行价值评估和分类整理，建立遗产数据库，明确发掘重点。对有重要价值的农业文化遗产，要对其历史、文化、经济、生态和社会价值进行科学研究，深入挖掘精神内涵，为传承遗产价值、探索遗产利用模式提供借鉴。

三要完善工作机制。各地要按照"在发掘中保护、在利用中传承"的思路，结合遗产所在地的实际情况，以带动遗产地农村经济社会可持续发展为出发点和落脚点，积极探索和完善保护农业文化遗产的政策措施，拓展工作思路，创新工作机制，形成农业文化遗产保护和传承多方参与机制，推动动态保护与适应性管理，实现遗产地文化、生态、社会和经济效益的统一。

四要加强管理指导。各级农业行政管理部门要加大工作指导，对已经认定的中国重要农业文化遗产，督促遗产所在地政府按照要求树立遗产标识，按照申报时编制的保护发展规划和管理办法做好工作。要继续重点遴选一批重要农业文化遗产，列入中国重要农业文化遗产和全球重要农业文化遗产名录。

五要加大宣传推介。要及时了解发掘和保护工作的进展情况，不断总结经验，加强宣传推介，营造良好的社会环境。要深挖农业文化遗产的精神内涵，运用现代展示手段对农业文化遗产中的生物多样性、传统知识、技术体系、独特的文化景观等进行充分展示，增强国民对民族文化的认同感、自豪感。

本文作者杨绍品（农业部原党组成员），原文刊于《农民日报》2014年5月14日3版。

农业文化遗产让敖汉旗谷价翻番

近年来，内蒙古自治区（全书简称内蒙古）敖汉旗委、政府借着申请全球重要农业文化遗产的契机，大力实施农业名牌战略，因地制宜地发展特色杂粮有机绿色产业，认证了"敖汉小米""敖汉荞麦"地理标志产品，创建"农户＋合作社＋龙头企业"有机结合的高效经营管理模式，使农民分享到合理利润，全旗谷子种植面积41万亩（15亩＝1公顷。全书同），预计今年（2013年，下同）产量达到6 000万千克。加入敖汉惠隆杂粮种植合作社的扎赛营子村农民石秀珍兴奋地说："今年谷子4.5元一斤收购，比往年2元多整整翻了一番。"敖汉旗农民今年真正尝到了保护农业文化遗产带来的甜头。

8 000年的精耕细作镌刻出敖汉农业的历史文明，作为世界旱作农业的发源地，以粟和黍为代表的敖汉旱作农业系统2012年被联合国粮农组织列为全球重要农业文化遗产保护试点，使原本已声名远播的敖汉杂粮，自此又被赋予了厚重的8 000年农耕文化内涵。打上文化烙印的杂粮，不再是简单的一项产业，而成为敖汉旗委、政府一项功在当代、利在千秋的民生工程。一年多来，敖汉旗委、政府借势大力实施名牌战略，并科学制定旱作农业系统总体规划和各项产业具体规划，提出了到2020年建成100万亩优质杂粮基地的目标，因地制宜发展特色杂粮有机绿色产业，到今年已建设绿色有机杂粮基地6.2万亩，其中有机杂粮基地1.2万亩。同时积极引进、扶持龙头企业以唱响品牌、拓宽国内外市场，完善在北京、沈阳、大连等国内主要城市销售网络的同时，积极与加拿大华人物流商等涉外商家联手，把敖汉杂粮产品推向国际市场。而今年随着内蒙古金沟农业、内蒙古蒙粮公司、赤峰刘僧米业等5家小米和杂粮的深加工企业相继开工投产，敖汉旗的杂粮市场得以大大拓宽，仅敖汉远古生态农业科技公司，日加工品牌小米和玉米100吨、荞面20吨。

"如今敖汉的每一粒种子都是农业文化遗产，做足这篇浸透着8 000年文化的重要农业文化遗产大文章，是今天我们敖汉旗委、政府的职责和使命。"敖汉旗副旗长李雨时说，为使敖汉旗杂粮做大做强，真正让农民受益，这两年由政府牵手，依托龙头企业建设，组建了惠隆、启富、亿农等杂粮种植合作社，创建"农户＋合作社＋龙头企业"有机结合的高效产业化经营模式，让农民分享市场销售的利润，激发了农民种植杂粮的积极性。通过合作社带动，目前全旗谷子种植面积41万亩。敖汉惠隆杂粮种植合作社理事长王国军介绍，今年该合作社有机杂粮品种已达到21个，建成有机杂粮基地5 000亩，预计销售杂粮200万斤（1斤＝0.5千克。全书同），最少实现销售收入900万元，仅此一项可以为入社农户增收120万元以上，人均纯增收200元。加入合作社的108户扎赛营子村农民，每户年平均收入能达到5万多元，比入社前增加1.5万元。

　　本文作者为郑惊鸿（《农民日报》高级记者）、徐峰（内蒙古自治区敖汉旗农业遗产管理开发局局长），原刊于《农民日报》2013年9月14日第4版。

用文化遗产打开农村贫困死结 [①]

当下，农村贫困问题依然严峻，今年（2015 年，下同）的"世界粮食日"（10 月 16 日）依然聚焦贫困，并将"社会保护与农业：打破农村贫困恶性循环"确定为活动主题。

农村贫困恶性循环的表现有很多，其中一种就是所谓的"贫困—生态"怪圈。贫困是生态环境退化的原因之一，为了满足因人口增长对食物和能源的需求，不得不依赖开垦更多土地的办法，造成植被减少、水土流失、土地退化。而生态环境的破坏反过来又使得生态系统更为脆弱、生产力水平降低、抗干扰能力减弱，进一步加剧贫困。

显然，要打破农村贫困恶性循环，促进农业可持续发展是关键。过去 10 多年的发展表明，农业文化遗产保护的经验可资借鉴。

2002 年，联合国粮农组织发起了"全球重要农业文化遗产（GIAHS）"保护倡议，经过 10 多年的发展，特别是 2009—2014 年全球环境基金项目的实施，到2015 年 10 月，初步建立了包括 14 个国家 32 个遗产地在内的保护网络，积累了动态保护与适应性管理的成功经验，为经济落后、生态脆弱、文化丰厚地区的农业可持续发展和农村经济发展作了有益的探索。

这里所称的"重要农业文化遗产"是指劳动人民在与所处环境长期协同发展中创造并传承至今、具有丰富的农业生物多样性、完善的传统知识与技术体系、独特的生态与文化景观的农业生产系统。

从已被联合国粮农组织认定的 32 个全球重要农业文化遗产分布看，这些传统农业生产系统多数处于贫困地区，即使是像日本这样的发达国家或者我国东部发达地区，也多是处于经济"相对贫困"、生态较为脆弱的地方。但这些地区存在一些"比较劣势"的同时，也有着许多"比较优势"。联合国粮农组织关于

---

① 本文原刊于《中国科学报》2015 年 10 月 12 日 1 版。

GIAHS 的五个基本标准说明了，这些传统农业生产系统提供了保障当地居民食物安全、生计安全和社会福祉的物质基础；具有遗传资源与生物多样性保护、水土保持、水源涵养等多种生态系统服务功能与景观生态价值；蕴含生物资源利用、农业生产、水土资源管理、景观保持等方面的本土知识和适应性技术；拥有深厚的历史积淀和丰富的文化多样性，在社会组织、精神、宗教信仰和艺术等方面具有文化传承的价值；体现了人与自然和谐演进的生态智慧与景观美学。

因此，这些"贫困"地区依然有着巨大的发展潜力和良好的发展前景。在科学评估的基础上，除了建立针对这些地区的生态与文化补偿机制外，还可以根据这些地区独具特色的农业物种、生物资源、文化习俗、农田与乡村景观，发展特色农业、农产品加工业、生态与文化旅游以及生物资源产业、文化创意产业，使农民从"农业生产者"转变为"产业经营者"，使农事活动、农田村落、传统习俗转变为发展生态与文化旅游的资源，使原来自给自足的农产品转变为具有更高附加值的旅游纪念品。

我国第一个全球重要农业文化遗产——浙江青田稻鱼共生系统中农民伍丽贞一家的变化就是一个典型的例子。2005 年成为全球重要农业文化遗产保护试点后，伍丽贞所在的龙现村蜚声海内外。伍丽贞瞄准这个商机，在种稻养鱼之外，还加工田鱼干、制作农家酒，开了渔家乐，年收入已从 10 年前的几千元达到目前的近百万元，一家人在村里盖起了 5 层的小洋楼，开上了小汽车，还在县城购置了一套高级公寓。

位于贵州、广西和湖南交界的从江县也是个成功的例子。这个多民族山区县至今仍然保留着具有上千年历史的稻田养鱼养鸭的生态农业模式，并于 2011 年成功入选联合国粮农组织全球重要农业文化遗产保护试点。这个原来的国家级贫困县充分利用"全球重要农业文化遗产"的品牌，以从江香禾、从江田鱼、从江香猪为基础，大力发展特色农业和农产品加工业，同时以农耕文化、梯田文化、禾晾文化、传统村落和民俗文化为基础，大力发展休闲农业和乡村旅游，实现了农业生产、食品加工、民俗文化旅游与农业观光旅游的融合发展。

扶贫的关键是给以信心授以能力 ①

——来自农业文化遗产地的启示

今天是第 26 个 "国际消除贫困日"，也是我国第 5 个 "扶贫日"。作为最大的发展中国家，贫困也是制约我国经济社会发展的重大问题之一。我国政府对贫困问题高度重视，特别是 20 世纪 80 年代中期以来，持续开展了一系列有计划、有组织、大规模的扶贫开发工作，扶贫开发事业取得了举世瞩目的成就，已成为全球贫困人口数量减少的最大贡献者，也为国际社会消除贫困贡献了中国智慧与方案。

一个值得思考的现象是，很多贫困地区虽然是经济上的贫困区，却是重要生态功能区、文化多样性与生物多样性富集区，其中一些因为生物多样、生态优良、文化多元、景观优美等成为世界或国家的重要农业文化遗产地。我国 91 项中国重要农业文化遗产涉及 104 个县，其中有 40 多个属于国家级贫困县，15 项全球重要农业文化遗产涉及 30 个县，有 15 个属于国家级贫困县。10 年来通过农业文化遗产发掘与保护，遗产地农民的自信与能力不断提升，实现了经济发展与生态保护、文化传承的 "三赢"，有媒体曾评价 "保护农业文化遗产是另一种扶贫"。

分析一些地方扶贫与脱贫经验，可以发现农业文化遗产发掘与保护树立了贫困地区人们的信心，提升了摆脱贫困的能力。从扶贫角度看，其经验可归结为 "扶志" 与 "扶智"。

1 扶志，是要让贫困地区的人们树立 "绿水青山就是金山银山" 的信心

农业文化遗产是传统农耕文化的精华，农业文化遗产地是富含农业与农村可

---

① 原刊于《农民日报》2018 年 10 月 17 日 3 版。

持续发展的技术、生物和文化宝库。这些地方往往经济发展相对滞后，开发不足，所保留下来的良好生态环境、多样民俗文化、独特农副产品、优美乡村景观，正是当下城市文明稀缺的资源，也是贫困地区"后发优势"的独特资源。

以云南红河哈尼稻作梯田系统为例，这一系统有着 1300 多年历史，因其"森林—村寨—梯田—水系—文化"五位一体的生态文化景观而先后获得全球重要农业文化遗产、世界文化景观、中国重要农业文化遗产等多种荣誉。梯田集中分布的元阳、红河、金平、绿春均为国家级贫困县。在县政协、州世界遗产管理局等的支持下，红河县的郭武六这位生在梯田、长在梯田的哈尼小伙，利用良好的生态环境和独特的地方品种，成立梯田养鸭协会和养鸭专业合作社，利用世界（农业）文化遗产品牌，让家乡的红心鸭蛋走出大山，探索出了利用资源优势实现脱贫致富的新路子。

信心是郭武六们走出贫困的关键。

2 扶智，是要让贫困地区的人们具备"将绿水青山转变为金山银山"的能力

来自农业文化遗产地的经验表明，只有将"绿水青山"转变为现实生产力才能使绿水长流、青山永驻，这不仅需要认识上的转变，还需要能力上的提升。在农业文化遗产保护中，政府机构、科研单位、社会组织和有关企业，通过宣传教育、技术培训、示范交流等多种途径，提高贫困地区人们认识自身优势，并从中寻找机会、借助资源优势和政策优势谋求发展的能力至关重要。

伍丽贞是浙江省青田县方山乡龙现村的一位普通妇女，也是我国首个全球重要农业文化遗产——浙江青田稻鱼共生系统授牌和保护的见证者、参与者和受益者。虽然今天的青田县已不属于贫困地区，但"九山半水半分田"的自然条件曾经迫使许多农民到外地甚至外国寻求生路。2005 年 6 月，青田因为 1 200 多年的稻田养鱼历史、浓郁的稻鱼文化和青田田鱼这一地理标志物种而被认定为全球重要农业文化遗产。当时还是贫困户的伍丽贞一家在县农业局和有关科研单位的支持与帮助下，充分利用特有的生态与文化资源和包括重要农业文化遗产的"金字招牌"，种稻、养鱼、卖田鱼干、开"农家乐"，短短几年间，家庭年收入即达到 60 多万元，盖起了小洋楼，买了小汽车，成为"农业文化遗产保护示范户"。如今在伍丽贞们的示范带领下，青田山村的山更绿、水更清，销声匿迹多年的白鹭也回来了。

在农业文化遗产地，这样的例子并不少见。贵州省从江县高增乡高增村妇女杨昌慧，在通往"中国侗族大歌之乡"小黄村的必经之路上，建起了农业文化遗产主题餐厅，为游客提供餐饮住宿服务；内蒙古敖汉旗新惠镇扎赛营子村利用生态优势发展有机农业，实现村庄经济高速发展……核心就在于开阔了农民的眼界，提升了发展的能力，看到了遗产地各种资源的潜在价值和比较优势，并且通过一定的途径将这些资源充分利用了起来。

3 以扶志与扶智为重点，提高贫困地区"造血"能力应当成为扶贫的重点

贫困产生的原因是多方面的，扶贫路径的选择也应当是多元化的，解决区域性整体贫困，应当以扶志、扶智为重点，提高贫困地区"造血"能力。

笔者曾提出"五位一体"多方参与模式（政府推动、科技驱动、企业带动、社区主动、社会联动），并已经在农业文化遗产保护与发展中得到验证，对于增强贫困地区百姓脱贫致富的信心和能力也有借鉴作用。

一是发挥政府主导作用，即除了疾病致贫、灾害致贫等特殊情况和基础设施、义务教育、基本医疗等保障性建设外，应当将更多资源用于贫困地区人员的技能培训、公共服务等发展能力建设上。

二是发挥科技支撑作用，即鼓励科研人员深入基层，针对贫困地区资源优势、开发潜力和发展短板开展实用技术的研究与推广和科学知识的普及。

三是发挥企业带动作用，即利用企业的市场开拓能力与资本优势，主动对接贫困地区，特别是特色产品、休闲旅游、康养保健、文化创意等优势产业的发展。

四是发挥社区主动作用，即充分调动当地社区与居民的主观能动作用，提高信心，提高能力，主动作为，积极参与到经济发展活动中。

五是发挥社会联动作用，即鼓励社会组织和城乡居民参与贫困地区的发展，通过诚信体系和追溯体系的建立，让贫困地区的优质生态环境与乡村景观、有文化内涵的生态农产品得到社会的更好认可。

只有这样，才能实现贫困地区人员"志"与"智"的提升，变被动参与为主动作为，形成脱贫致富、良性发展的局面。

延伸阅读 ➤

国际消除贫困日及其历年主题

国际消除贫困日，亦称国际灭贫日或国际消贫日。为引起国际社会对贫困问题的重视，动员各国采取具体扶贫行动，宣传和促进全世界的消除贫困工作，1992 年 12 月 22 日，第 47 届联合国大会通过决议，确定自 1993 年起把每年 10 月 17 日为"国际消除贫困日"，以唤起世界各国对因制裁、各种歧视与财富集中化引致的全球贫富悬殊族群、国家与社会阶层的注意、检讨与援助。2014 年 8 月 1 日，国务院决定从 2014 年起，将每年 10 月 17 日设立为"扶贫日"。

国际消除贫困日历年主题为：

- 2006 年：共同努力，摆脱贫困；
- 2007 年：贫困人口是变革者；
- 2008 年：贫困人群的人权和尊严；
- 2009 年：儿童及家庭抗贫呼声；
- 2010 年：缩小贫穷与体面工作之间的差距；
- 2011 年：关注贫困，促进社会进步和发展；
- 2012 年：消除极端贫穷暴力：促进赋权，建设和平；
- 2013 年：从极端贫困人群中汲取经验和知识，共同建立一个没有歧视的世界；
- 2014 年：不丢下一个人：共同思考，共同决定，共同行动，对抗极端贫困；
- 2015 年：构建一个可持续发展的未来：一起消除贫穷和歧视；
- 2016 年：从耻辱和排斥到参与：消除一切形式的贫穷；
- 2017 年：响应 10 月 17 日结束贫困的号召，通往和平包容的社会之路；
- 2018 年：与落在最后面的人一起，建立普遍尊重人权和尊严的包容性世界。

延伸阅读 ❯

农业文化遗产让我住上洋楼开上小车

我是浙江省青田县方山乡龙现村的一位普通农民。2005年6月，我们龙现村正式成为"青田稻鱼共生系统"这一全球重要农业文化遗产保护的核心区。7年来，作为"全球重要农业文化遗产"授牌和保护的见证者、参与者和受益者，我切实感受到"农业文化遗产"的保护给我们思想观念、生产方式和生活水平等方面带来天翻地覆的变化。

千年的生产还是宝贝。 稻鱼共生在我们青田是一种古老的农业生产方式，申遗前，我的认识也仅限于此。2005年6月，我作为农民代表，有幸参加了稻鱼共生系统全球重要农业文化遗产保护项目的启动仪式、授牌仪式以及之后的规划研讨会等一系列活动，特别是在聆听了各位专家的讲话后，使我对稻鱼共生系统有了较为全面、深刻的认识。我逐渐认识到，稻鱼共生系统不单是一种传统的生产方式，更是我们青田的特色文化，是祖先给我们留下的宝贵遗产。作为农民，我们既是稻鱼共生系统的生产者，更应当是稻鱼共生系统的保护者和传承者。一方面要继续传承稻鱼共生的种养模式，弘扬"鱼灯舞"等传统文化，另一方面还可以凭借着全球重要农业文化遗产这一"金字招牌"，凭着我们特有的生态资源和文化资源，开发多种多样的产品，开展各种各样的活动，多方式促进农业生产的发展和生态、文化的保护。几年来的事实证明，从保护中我们农民可以得到实惠，也更好地促进了农业文化遗产的保护。

焕然一新的村庄。 自从被列为全球重要农业文化遗产保护试点之后，我们龙现村成了世人关注的焦点和许多游客的向往地。上至县委、县政府，下至普通农民，都十分重视村庄建设。讲究卫生、保护环境已经成为我们的自觉行动和共同追求，我们的村庄面貌也焕然一新。

整个村庄建设，由专家科学规划，严禁无序开发，拆除了一些影响村容村貌的露天厕所、违章建筑，使村庄布局更加合理、方便、美观；村里有了专门的清洁组，每天有人定时打扫，使村庄环境大大改观，同时乡亲们也养成了良好的卫生习惯，如今没有人会随地吐痰、乱倒垃圾、乱扔烟头。

在农业生产上，我们继续坚持稻鱼共生的传统生产方式，严禁乱用农药，规范使用化肥，保护植被，绿化环境成了我们更加自觉的行为。现在，我们村的山更绿，水更清，道路更干净了。环境好了，销声匿迹多年的许多飞鸟又回来了。最近几年，我们龙现村还成为全省新农村建设示范村、乡村旅游示范村。我想，这就是中央提倡的科学发展、和谐发展的结果吧。

生意兴隆的"农家乐"。 以前，我们农民在家种点田、养点鱼，虽然自给自足，但绝称不上是富裕人家。自从成为全球重要农业文化遗产保护试点后，我们村的知名度提高了，周边温州、丽水甚至杭州、上海还有国外的人，都到我们村来玩、来休假。瞄准这个商机，在县有关部门的支持下，我开了家"农家乐"，外带销售田鱼干、农家酒等土特产品，生意兴隆。2012年一年，我们家就收入60多万元。弹指数年间，我家盖起了小洋楼，买了小汽车，这是我以前做梦也没有想到的。我们家还被县里命名为"农业文化遗产保护示范户"。不仅我们家，全村人都在保护"遗产"中得到了好处。以前我们村的田鱼顶多每斤10元，如今可以卖到40元，2012年来村里的游客近10万人。可以说，没有"农业文化遗产"的品牌，就没有我们今天如此美好的生活。

本文作者为伍丽贞（浙江省青田县方山乡龙现村村民），原刊于《农民日报》2013年3月29日第4版。

从农业文化遗产保护看零饥饿目标实现①

今天（2018年10月16日）是第35个"世界粮食日"，主题是"努力实现零饥饿"。

饥饿一直是人类社会面临的重大问题，据2018年3月22日联合国粮农组织、联合国世界粮食计划署和欧盟联合发布的《全球粮食危机报告》称，2017年全球共有51个国家约1.24亿人受到急性粮食不安全的影响，比上一年多出1100万人。

消除饥饿一直是联合国粮农组织自1945年成立以来的工作重点。也正是因为这个原因，才于1979年11月召开的第20届联合国粮农组织大会作出了设立"世界粮食日"的决定。纵观1981年以来的历届"世界粮食日"主题，不仅每个均与消除饥饿有关，1996年的"消除饥饿和营养不良"、1999年的"青年消除饥饿"、2000年的"没有饥饿的千年"、2001年的"消除饥饿减少贫困"、2010年的"团结起来战胜饥饿"以及今年的"努力实现零饥饿"，更是明确将"饥饿"列入主题词中。

不仅如此，联合国2030年可持续发展目标中的第二个就是"消除饥饿，实现粮食安全，改善营养和促进可持续农业"。

1 努力实现零饥饿，农业遗产保护者在行动

2002年，由联合国粮农组织发起的全球重要农业文化遗产倡议，其目的就是努力促进地区和全球范围内对当地农民和少数民族关于自然和环境的传统知识与管理经验的更好认识，并运用这些知识和经验来应对当代发展所面临的挑战，特别是促进可持续农业的振兴和农村发展目标的实现。在所确定的5个基本标准中，第一条就是"食物与生计安全"，不仅说明该倡议对饥饿与贫困问题的重视，

---

① 原刊于《农民日报》2018年10月17日3版。

也显示了农业文化遗产在应对饥饿与贫困问题的特殊意义。

2 努力实现零饥饿，需要改变传统粮食观念。

早在 1995 年，联合国粮农组织就列出了食物产品目录，包括 8 大类 106 种：谷类作物 8 种；块根和块茎类作物 5 种；豆类作物 5 种；油籽、油果和油仁类作物 13 种；蔬菜和瓜类作物 20 种；糖料作物 3 种；水果、浆果类作物 24 种；家畜、家禽、畜产品 28 种。从这个意义上说，"世界粮食日"的名称似乎改为"世界食物日"更为准确。

农业文化遗产是一种包括农林牧渔在内的系统性遗产，不仅关注粮食作物，更加关注多种类型的食物资源及其利用。例如，2011 年就被联合国粮农组织列为全球重要农业文化遗产保护试点的贵州从江侗乡稻鱼鸭系统就具有丰富的农业生物物种，一块稻田共生的动植物多达百余种。不仅有以香禾为代表的本地水稻品种、鲤鱼为主的田鱼、本地特有的水鸭和三穗麻鸭，还有螺、蚌、泥鳅、黄鳝、虾、鳖、蟹、泥鳅、黄鳝及七星鱼等野生水生动物，以及茭白、莲藕、慈姑、水芹菜等野生植物。除了收获稻米、放养田鱼和鸭子外，农户还喜欢在稻田附近种植黄豆、红薯、玉米等作物和各种蔬菜瓜果。稻鱼鸭系统—水多用、一田多收，丰富的农业生物资源提供了丰富的食材。

保护传统作物品种也是农业文化遗产倡议的重要任务。2012 年，内蒙古敖汉旗因其悠久的旱作农业历史和丰富的旱作农业资源、技术与文化，被联合国粮农组织列为全球重要农业文化遗产保护试点。该旗始终注意把保护和挖掘传统种子资源作为一项功在当代、利在千秋的崇高使命，近年来搜集与整理濒临灭绝的谷子、高粱、糜子、杂豆等传统农家品种就有 218 个，其中谷子品种 92 个。

3 努力实现零饥饿，需要实现营养摄入均衡

营养不良是许多地方的普遍现象。据报道，全世界每 10 人就有 1 人营养不良；全球四分之一儿童受到慢性营养不良的影响，每 5 分钟就有 5 名儿童因慢性营养不良而死亡。

仍以贵州从江为例。稻鱼鸭系统这种生计方式在"九山半水半分田"的侗家，既有效缓解了人地矛盾，又为当地居民提供了丰富的农副产品，满足了当地居民生存的需要。当地农民按侗族传统生态农业技术种植出来的香禾糯，是禾品种群中品质最优的一类，其所含的蛋白质和人体必需赖氨酸含量都超过一般优质

稻米，并具有气味香醇、糯而不腻、营养丰富、口感极好等特点，被称为"糯中之王"，享有"一亩稻花十里香，一家蒸饭十家香"的美誉。2009年，国家质量监督检验检疫总局已将香禾糯确定为受中国国家地理标志保护的特色农产品之一。

除了收获稻米、放养田鱼和鸭子外，农户还喜欢在稻田附近种植黄豆、红薯、玉米等作物和各种蔬菜瓜果。农户还可以从水田内获得螺蛳、黄鳝、泥鳅等水生动物，水芋、莲藕等水生植物，以及水芹菜、车前草、鱼腥草等野生草本植物，做成饭桌上的美食。稻鱼鸭系统一田多用，在同一生产过程中既生产了植物蛋白，又生产了动物蛋白，为当地居民提供了充足的营养来源。

4　努力实现零饥饿，需要促进农业持续发展

以保障并不断提升农业生态功能为导向的农业持续发展，是确保食物持续有效供给的基础。农业文化遗产系统中富含生物资源利用、农业生产、水土资源管理、景观保持等多方面的本土知识和适应性技术，对于促进农业持续发展具有重要借鉴意义和指导价值。以稻鱼共生、桑基鱼塘、农林复合等智慧的农耕方式为代表的农业文化遗产，除了为我们提供优质的农产品外，还具有生态环境的正外部性。2016年召开的G20农业部长会议所发表的公报明确指出，欢迎推广有利于生物多样性保护和可持续利用的适当模式，包括继承和发扬良好农业实践，如联合国粮农组织开展的全球重要农业文化遗产（GIAHS）工作。

5　努力实现零饥饿，需要消除严重贫困现象

贫困与饥饿是一对"孪生子"，很多情况下饥饿与营养不良是因为经济贫困造成的。造成严重贫困的原因有多种，资源利用不充分、农民就业不充分无疑也起着重要作用。

据我们在全球重要农业文化遗产与世界文化遗产核心区域云南省元阳县与红河县的调查，即使在目前大批劳动力进城务工的情况下，除了短期农忙时段外，大部分时间农村劳动力依然有富余。发挥农业文化遗产的多功能性，就是要大力发展多功能农业，特别是观光农业、休闲农业、功能农业、康养农业、文化农业等，通过拓展农业功能、延长产业链条，增加农民就业增收，将有助于消除贫困。这方面，农业文化遗产地已有许多成功的案例。

延伸阅读 ▶

世界粮食日及其历年主题

1972 年，由于自然与人为因素出现了世界性粮食危机。联合国粮农组织于 1973 年和 1974 年相继召开粮食会议，以唤起全世界特别是第三世界注意粮食及农业生产问题，敦促各国政府和人民采取行动，增加粮食生产，更合理地进行粮食分配，与饥饿和营养不良作斗争。为了应对世界粮食形势日趋严重的状况，1979 年 11 月举行的第 20 届联合国粮农组织大会决定，自 1981 年起，将每年的 10 月 16 日（联合国粮农组织创建纪念日）确定为世界粮食日，旨在唤起全世界对发展粮食和农业生产的高度重视。

世界粮食日历年主题为：

- 1981 年：粮食第一；
- 1982 年：粮食第一；
- 1983 年：粮食安全；
- 1984 年：妇女参与农业；
- 1985 年：乡村贫困；
- 1986 年：渔民和渔业社区；
- 1987 年：小农；
- 1988 年：乡村青年；
- 1989 年：粮食与环境；
- 1990 年：为未来备粮；
- 1991 年：生命之树；
- 1992 年：粮食与营养；
- 1993 年：收获自然多样性；
- 1994 年：生命之水；
- 1995 年：人皆有食；
- 1996 年：消除饥饿和营养不良；

- 1997 年：投资粮食安全；
- 1998 年：妇女供养世界；
- 1999 年：青年消除饥饿；
- 2000 年：没有饥饿的千年；
- 2001 年：消除饥饿，减少贫困；
- 2002 年：水：粮食安全之源；
- 2003 年：关注我们未来的气候；
- 2004 年：生物多样性促进粮食安全；
- 2005 年：农业与跨文化对话；
- 2006 年：投资农业促进粮食安全以惠及全世界；
- 2007 年：食物权；
- 2008 年：世界粮食安全：气候变化和生物能源的挑战；
- 2009 年：应对危机，实现粮食安全；
- 2010 年：团结起来，战胜饥饿；
- 2011 年：粮食价格——走出危机走向稳定；
- 2012 年：办好农业合作社，粮食安全添保障；
- 2013 年：发展可持续粮食系统，保障粮食安全和营养；
- 2014 年：家庭农业：供养世界，关爱地球；
- 2015 年：社会保护与农业：打破农村贫困恶性循环；
- 2016 年：气候在变化，粮食和农业也在变化；
- 2017 年：改变移民未来——投资粮食安全，促进农村发展；
- 2018 年：行动造就未来——到 2030 年能够实现零饥饿。

向传统农业问道 ①

——农业文化遗产助力农业供给侧结构性改革

2017 年的中央"一号文件"强调，我国农业农村发展进入新的历史时期，推进农业供给侧结构性改革将作为当前和今后一个时期"三农"工作的主线。

以 2005 年浙江青田稻鱼共生系统被联合国粮农组织列入首批全球重要农业文化遗产（GIAHS）保护试点为标志，中国的农业文化遗产发掘与保护工作取得了显著成效。截至目前（2017 年 3 月），不仅以 11 项全球重要农业文化遗产（截至 2018 年底为 15 项——作者注）而位列世界各国之首，而且第一个启动了国家级农业文化遗产发掘与保护（农业部于 2012 年开始该项工作，截至 2019 年 3 月分四批发布了 91 个项目——作者注）、第一个建立了全球重要农业文化遗产预备名单（农业部于 2016 年发布了 28 个项目）、第一个开展了农业文化遗产普查（农业部于 2016 年公布了 408 项有潜在保护价值的传统农业生产系统）。

从农业文化遗产地保护与发展来看，农业不应再被简单地看作第一产业。传统意义上的农业是指利用动植物的生长发育规律通过人工培育来获得产品的产业。但是，今天的农业还包括农产品加工业、休闲农业等具有第二产业和第三产业属性的业态。一些农业文化遗产地，利用地域环境优势、民族文化优势，不仅生产出具有文化内涵的生态农产品，而且以丰富的生物多样性为基础发展生物资源产业，以非物质文化遗产为基础发展文化创意产业，以田园景观、民族文化和古村落为基础发展休闲农业和乡村旅游，并进一步衍生出康体、养生、教育、物流等产业。

传统的农业资源主要指水、土、气、生，而当把农业从"第一产业"升级为"第六产业"的时候，优美的乡村景观、丰富的生物资源、厚重的乡土文化都成

---

① 本文原刊于《光明日报》2017 年 3 月 18 日 5 版。

为产业发展的资源基础，甚至看似繁重的劳动过程、土味十足的劳动号子都被作为体验、感受而得到城市居民的青睐。原来以粮棉油、肉蛋奶、菜瓜果为主的传统农产品增加了茶花菌药等新的农产品类型，更增加了农业文化产品、农业旅游产品、农业保健用品等多种产品。

此外，农村不应仅仅被看作农业生产的场所和农民生活的居所，更是在区域生态安全保障中发挥重要作用的生态系统和维系农村社会稳定的文化系统。农民成为一种新型职业，他们不仅是产业经济的直接参与者，还是农耕文化的传承者。通过以小农为主要特征的适度规模化经营，实现农业劳动力在"农业+""旅游+""生态+"模式下的多样化本地就业。

推进农业供给侧结构性改革，一个重要方面是开发面向市场需求的产品，提供市场需求的服务。农业文化遗产发掘与保护的经验表明，稻鱼共生、桑基鱼塘、农林复合等传统农业系统所蕴含的丰富生物基因、技术基因和文化基因，对当今和未来农业与农村可持续发展依然具有十分重要的意义。

农业文化遗产保护对"三农"工作的意义 ①

在人们将目光投向宇宙时，心灵深处却愿意回归脚下的自然。古希腊神话中的西西佛，每天搬动着同一块石头，从山下搬到山上，但又从山上滚到山下，再从山下搬到山上，日复一日，年复一年，这是一种企图摆脱地球引力、揪着头发蹦离地面的浪漫狂想。但是现实却是另外一番景象，人们无法摆脱地球的引力。

西方向往天国，而去探索征服自然之力。科学因之产生，技术借此而显现出其强大的力量，与之匹配的能量释放在向外扩张的过程中。发源于西欧的工业革命，一路走来，采取占山为王式的扩张，世界的每一个角落都留下了他们的足迹，殖民地遍布全球，"日不落"帝国曾经称霸世界，而后起的国家则不愿意维持现状，要求重新划定势力范围，两次世界大战都是因为扩张而出现惨烈的厮杀。但是自 20 世纪中叶以来，独立的浪潮席卷了整个世界，西欧向外扩张模式已经难以为继，同时脚底下的农业生产方式也开始出现了问题，化肥与农药的大量使用，环境出现危机。1962 年卡尔逊陈述了一个可怕现实的《寂静的春天》（*Silent Spring*）问世。1972 年召开的"人类环境会议"通过了《人类环境宣言》，提出了"只有一个地球"的著名论断，开始唤醒那些试图征服地球的人们。过分依赖现代技术而产生的合成物质，地球难以自净，土壤难以消化，特别是它超过了河流中水的自我修复、净化的阈值，使得污染无处不在。

于是欧洲有人指出，20 世纪将是中国文化的世纪。原因何在？我们的解释主要是因为地球上有限的资源难以满足西方式的生活哲学需求，而需要中国的生活哲学智慧之故。中国文化试图亲近自然；中国人克勤克俭、关注家庭、勤奋而

---

① 本文作者为徐旺生、闵庆文，原为《农业文化遗产与"三农"》（徐旺生、闵庆文编著，中国环境科学出版社，2008 年）一书"前言"，后刊于《古今农业》2008 年 2 期 119-120、8 页有删减。

自敛，这些都是现代化过程中的稀缺品。

西方文明向外扩张，锐意于对自然的征服。如果说欧洲文明的生活方式是"雁"式，出生以后独立于父母自谋生路；那么，中国人的生活方式则是"鸡"式，出生以后与父母同在，与土地同在，与祖先同在。中国人推崇祖先崇拜，同时也崇拜土地神，敬畏它的存在，入土为安，对生长的土地有一种特殊的情感，在心灵的深处有土地神的位置，故土难离，在潜意识里设定了家园是归宿。中国的传统文明所展示的生活方式，体现出了内部和谐的特征，试图与环境浑然一体，天人合一，寻找与自然的和谐之道。同样，亚洲的日本与韩国，也都有"身土不二"的哲学理念。

在波澜壮阔的 20 世纪，现代化是潮流，颇有点带着"顺之者昌"的味道。中国的现代化是一种被动型，中国启动农业现代化时的资源禀赋与西欧和北美截然不同。长期以来在中国的文明发展模式下，所形成的人地关系相当紧张，农业所背负的压力相当大，所依赖的路径是土地替代型。20 世纪晚期开始，在追求效率和产量的模式下，于是也开始放弃传统的有机农业，化肥与农药也在大量使用，造成的河流污染情况，相比于西方更加严重，潜在的危害可能比欧美更大。西方实行的老虎圈地式扩张，地球上最好的土地都被他们占领，他们的人地关系没有我们那么紧张，他们有短期"糟蹋"的资本。我们则不能，因此，我们所依托的农业不仅要提供足够的食物，同时还要承担保护水土环境的重责，我们必须善待脆弱的家园，

幸运的是，随着中国计划生育政策的推进，人口压力将会逐渐缓解，中国农业所承担的任务将由主要保证食物数量安全逐渐向保证食物质量安全方向转变。保证并改善食物的品质变得更加迫切，要在提高人民生活水平同时，保护生物多样性，遏制农业生态环境恶化，高效利用我们有限的资源，但又不能破坏生存的环境。食物的数量安全向质量安全转化时，需要我们保护环境，发展生态型农业，这些都需要我们对传统农业技术进行发掘、继承与利用。

目前，不仅我们的心灵需要回归自然，我们的农业也需要重拾传统。传统技术的发掘是解决目前农业所面临问题的方法之一。正好，联合国粮农组织于 2002 年提出了"全球重要农业文化遗产"的概念，指出"农村与其所处环境长期协同进化和动态适应下所形成的独特的土地利用系统和农业景观，这种系统与景观具有丰富的生物多样性，而且可以满足当地社会经济与文化发展的需要，有利于促进区域可持续发展。"全球重要农业文化遗产目的是引起人们的注意，借

机向人们展示传统的价值。更为可喜的是，在联合国粮农组织选定的首批全球重要农业文化遗产保护试点中，中国浙江青田的"稻鱼共生系统"赫然在列。

实际上，我们不仅有"稻鱼共生"的生态和谐系统，还有其他很多的优秀的包含物质与非物质要素的农业文化遗产，它们将会在今天中国的"三农"事业中带来食品安全、环境友好、社区和谐型的美好局面。

要而言之，目前我们的农业文化遗产系统要素主要有以下几个方面，相应在今天有其重要的价值：其一是传统的农作物与畜禽品种，可以作为未来农业的基因贮备，如野生稻对于杂交稻的育成，发挥类似于对白血病人有重要治疗价值的"脐带血"作用，并可以维护生物多样性特征的存在；其二是传统农法，亦即生态型耕作和管理方式，如生物治虫，将可以为保护环境和保证食物安全起到重要作用；其三是传统农业景观和工程，如四川的都江堰和云南红河的梯田，不仅可能继续发挥灌溉和生产的作用，服务于农业生产，还可以供人们参观游览；其四是传统农业民俗，有些如求雨民俗，可能还带有某种迷信色彩，但是这并不可怕，可以为单一家庭独立耕作的松散的乡村社区带来和谐和娱乐表演元素，并为农业旅游和"农家乐"注入丰富的文化内涵。

今天，现代化的发源地欧美开始进入了后现代化时代，这一潮流的主要标志之一是人们并不向往在城市生活，而是向郊区迁移，远离钢筋与水泥，亲近山川与河流。

因此我们认为：第一，保护与利用农业文化遗产，并非是保护落后，"遗产"与"落后"并不能画等号。农业文化遗产在今天的价值凸显，那是因为在农业的发展过程中其所承担的解决食物数量安全的功能在弱化，它所承担的解决食物质量安全的功能在强化，而隐藏的附加功能如休闲旅游功能等的作用也开始激活；第二，保护农业文化遗产实际上是保护我们的家园，是保护我们赖以生存的土地。清洁的河流、温馨的土地、安全的食品是今天社会可持续发展的基础。

从三个典型案例看农业文化遗产的内涵①

农业是古老的产业，又是未来的产业，因为无论社会发展到什么时候，农业在国民经济的基础地位都将不会被动摇。在人类历史的发展进程中，农业始终伴随左右，不仅为人类的生存和发展提供物质基础，而且还形成了传承至今并将继续传承下去的农业文化。但对这种文化的认同，却没有那么容易。今天的人们，说起农业、农村、农民往往是落后、愚昧的代名词。许多学者大声疾呼，保护我们的农业文化遗产。

农业文化遗产所涵盖的范围很宽，传统知识与技术、古代发明、古老物种等等都可以纳入其中。但这里想要讨论的是一类目前在国际上广受关注的农业文化遗产形式，联合国粮农组织称为"全球重要农业文化遗产"（Globally Important Agricultural Heritage Systems，GIAHS）。这种农业文化遗产，不是遗物或者遗址，不同于一般意义上的文化或自然遗产，而是有人参与的、不断变化、具有生产功能、生态功能、社会功能和文化功能的复合型遗产系统。对于这类遗产，尽管因为脆弱亟需得到保护，但简单地谈保护是难以奏效的，协调好发展与保护的关系是非常重要的，联合国粮农组织确定的保护原则是"动态保护与适应性管理"（Dynamic Conservation and Adaptive Management）。可以说，对于农业文化遗产，只有保护才能得到更好的发展，而只有发展也才能使它得到更好的保护。

1 从稻田养鱼到稻鱼共生

2006 年的 6 月 9—11 日，对于浙江省青田县，注定是一个被载入历史的日子。这几天，联合国粮农组织的代表，包括关君蔚院士、李文华院士在内的众多科学家，包括中央电视台等在内的众多媒体，云集杭州和青田，参加联合国粮农组织全球重要农业文化遗产"传统稻鱼共生系统"项目启动暨试点授牌仪式。一

---

① 本文完成于 2008 年 5 月，此前未发表。

时间，媒体铺天盖地。龙现，这个一向寂静的小山村热闹起来，真可谓"一朝成名天下知"。

但值得注意的是，当你去青田、龙现参观的时候，无论是地方官员、技术人员，还是村里的百姓，更多地向你津津乐道的是他们引以为荣的"田鱼"。一些地方报纸编发的题目往往也是"小田鱼惊动联合国"，"田鱼，让世界再次瞩目青田""走向世界的田鱼文化"等。

稻田养鱼是利用水田既种稻又养鱼的一种生产方式。将种植业与养殖业巧妙地结合在同一生态系统中，充分利用稻、鱼之间的共生关系，使原来稻田生态系统中的物质循环和能量转换向更有利的方向发展。

我国稻田养鱼源远流长，关于其起源有不同的说法，距今已有2 000多年的历史，基本为学界所承认。青田县的稻田养鱼自唐睿宗景云二年（公元711年）置县以来，就有养殖，至今已有1200多年。清光绪《青田县志》中有"田鱼，有红、黑、驳数色，土人于稻田及圩池养之"的记载。这是有关青田田鱼养殖的最早文字记录。

不仅如此，我国还是世界上稻田养鱼面积最大的国家。中华人民共和国成立之前，主要集中在西南、中南和东南各省的丘陵山区，面积较小。从20世纪50年代开始，稻田养鱼逐渐从南方发展到北方，从山区发展到平原。目前分布于全国20多个省、市、自治区，其中四川、湖南、江西、江苏、广西壮族自治区（全书简称广西）、贵州等省区发展尤为迅速。

但需要说明的是，稻田养鱼，人们更为关心的是"鱼"，这显然把"稻田养鱼"的真正内涵和联合国粮农组织选择该项目作为首批试点的初衷简单化了。稻田养鱼的发展，不但促进了淡水养殖的发展，而且也促进了水稻增产，支撑该项技术的稻鱼共生理论远比水产养殖技术重要得多。

而更为重要的是，伴随着稻田养鱼，对区域文化的影响、扎根于当地居民心中的人与自然关系的朴素认识则更为重要。笔者在这里还想重复一下曾应邀为《中国国家地理》2005年第5期的《小田鱼、大智慧》一文所作的点评："稻鱼系统是一个典型的复合文化系统，是精耕细作的农耕文化、'饭稻羹鱼'的饮食文化、人地和谐的生态文化的有机结合。虽然世代更迭，稻田养鱼的形式发生了诸多变化，但稻鱼系统所蕴含的丰富思想可谓经久不衰，正所谓'活着的人类文化遗产'。这大概就是联合国粮农组织挑选它作为试点的原因之一吧。"

的确，田鱼这一地方物种需要保护，传统水稻品种也需要保护，但更重要的

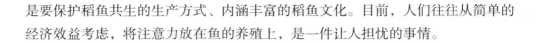

是要保护稻鱼共生的生产方式、内涵丰富的稻鱼文化。目前，人们往往从简单的经济效益考虑，将注意力放在鱼的养殖上，是一件让人担忧的事情。

2 从稻田养鸭到稻鸭共育

与稻田养鱼很类似的还有稻田养鸭。稻田养鸭也是中国传统农业的精华，至今仍然有着积极的意义。稻田养鸭的目的是鸭，是为了让鸭在稻田里觅食，而基本没有考虑鸭对水稻能生产的作用，加上种养殖技术的限制，一度不受人们重视。

相比之下，在传统稻田养鸭技术上发展起来的稻鸭共育则似乎更受欢迎。它是对稻田养鸭的继承、创新和发展，并赋予稻田养鸭以新的生命，是传统农业与现代农业相结合的产物。它是一项种养结合、降本增效的有机农业技术，目前在我国南方稻区已广泛推广。其实质是，以水稻的优质安全生产为主，以鸭为水稻提供多项田间作业，能够同时生产优质稻米和优质鸭肉两种无公害的绿色食品，从而开创了水稻、水禽可持续发展的新途径。

据研究，江苏省延陵基地稻鸭共育区的杂草控制率在 99.4% 以上，鸭子进不去的浑水区杂草控制率也在 76.3%，对稻飞虱防除效果达 79.9%，稻纵卷叶螟为 23.8%，水稻生长前期"枯心塘"不到常规田块的 30%，几乎无纹枯病发生。湖南的调查显示，早稻田杂草减少 98.8%，晚稻田减少 65.3%，二化螟幼虫、稻纵卷叶螟幼虫、稻飞虱数量和孕穗期病株率分别减少 80%、85%、79% 和 5.3%。

稻鸭共育更多地关心两个物种之间的互作机制，而且把稻和鸭作为两个均很重要的收获对象，对于促进人们食物营养结构、保障粮食数量安全和食物质量安全、增加农民收入以及改善农田生态环境均具有重要作用，所产生的生态效益和社会效益自然要大得多。便于推广，也更容易使传统的稻田养鸭从形式到内容都得到真正的保护和传承。

3 从间作套种到互利共生

2002 年国际顶尖学术杂志《自然》上的一片封面文章《利用水稻品种多样性控制稻瘟病》，以及美国《科学》杂志的再次评述和报道，引起了国际生物学界、生态学界和农学界的不小震动。

云南农业大学云南省植物病理重点实验室的朱有勇教授及其所领导的课题

组，通过多年的研究和实验，不仅发现了利用不同水稻品种控制稻瘟病的多方面机理，而且把当地的不同水稻品种通过间栽的方式，成功地控制了稻瘟病，产生了巨大的经济和环境效益。具体的做法是将糯稻按照不同比例栽入杂交稻中，使水稻的病原菌菌落结构发生了改变，稻瘟病无法像在单一品种稻田中那样形成优势而成灾。采用不同品种的水稻进行混合间作对稻瘟病有较为显著的控制效果，防治效果可达到 20%~72%。这项成果的实际意义从这样一个事实可以明显看出：水稻有 30 多种病虫害，其中主要的有 10 多种，我国每年因水稻病虫害损失 500 万吨左右的粮食，相当于 2 个产粮大省的产量，而稻瘟病是最主要病害；2002—2004 年，四川省利用生物多样性控防稻瘟病，3 年累计增产糯稻 6.12 亿千克，减少病害损失 3.38 亿千克，而农民节约农药的投入达 0.89 亿元。

一提到作物间作，人们更多的是想到这种传统技术对于充分利用光热资源的价值，评价其效益时也往往用诸如"土地当量指数"等方法，但两种不同作物的间作可能产生什么样的生态效果却被忽略了。

通过不同作物或同一作物的不同品种进行混合栽培是防治病虫害有效方法之一，朱有勇教授等所做的是对这种传统知识进行了科学的论证并加以推广。从这项技术的成功，不仅说明了传统农业中所蕴含的丰富知识对于今天的发展具有重要意义，而且也说明其中的许多科学机制有待我们去揭示。

生物多样性是农业文化遗产核心要素 [1]

今年（2018 年）5 月 22 日是第 25 个"国际生物多样性日"，今年的活动主题是"纪念生物多样性行动 25 周年"。生物多样性对于农业发展具有重要的意义，2004 年"世界粮食日"的主题就是"生物多样性促进粮食安全"。2008 年"国际生物多样性日"的主题则为"生物多样性与农业"。不仅如此，农业生物多样性也是生物多样性中的重要组成部分。正是基于农业生物多样性减少等问题，联合国粮农组织于 2002 年发起了全球重要农业文化遗产（GIAHS）保护倡议，并于 2008 年获得了全球环境基金项目中生物多样性保护领域的支持。不论从农业文化遗产保护项目产生的背景，还是从全球及中国重要农业文化遗产的评选标准来看，农业生物多样性都是农业文化遗产系统的核心要素。

1 在遗传多样性方面，农业文化遗产地的农民基于社会经济因素和环境变迁因素倾向于维持传统品种的多样性

一是因为与现代品种相比，传统品种能更好地满足多样化和个性化需求。例如，在贵州从江侗乡稻鱼鸭系统中，糯稻的种植不仅可以提供好吃、耐饥又便于携带的食物，而且糯稻的根须还可以入药。糯米饭更是当地民族岁时节令、人生礼仪、社交庆典等民俗活动的必需品。二是在低外部投入（如杀虫剂和除草剂）的情况下，能够获得较高的产量。云南农业大学在云南哈尼稻作梯田系统的研究表明，水稻品种多样性混合间作与单作优质稻相比，对稻瘟病的防效达 81.1%~98.6%，每公顷增产 630~1 040 千克；区域栽培的水稻品种多样性丰富，其稻瘟病群体遗传多样性和生理小种组成亦丰富。由于品种多样性有利于寄主品种与病原菌协同进化，优势小种难以形成，可以有效控制病害流行。三是不同遗传型作物混作可以降低生产风险，如由于云南红河哈尼稻作梯田独特的立体农

---

[1] 本文作者为闵庆文、张丹，原刊于《农民日报》2018 年 5 月 22 日 3 版。

业气候，当地生态环境多样、气候多变，当地居民只有种植多个品种才能保证稳产。

2 在物种多样性方面，农业文化遗产地具有显著的复合系统特征，强调系统内多个组成部分间的整体性及相互作用

农民通过作物间作、套种等混合种植，在稻田中引入鱼、鸭等其他物种，增加了农田物种多样性。研究证明，增加物种丰富度可以对较低水平的生态系统过程产生很大的影响。这在物种较单一的农田生态系统更加明显。由于生态位互补机制，不同物种在资源利用上存在差异，或者物种之间存在正的相互关系，因此物种多样性会促进生态系统功能的优化。浙江大学在浙江青田稻鱼共生系统长达 5 年的田间试验结果表明，无农药投入的稻鱼共生系统水稻产量和稳定性均明显高于无农药的水稻单作系统；而杂草生物量降低 93.57%，纹枯病发生率降低 54.35%，稻飞虱密度降低 44.74%。我们在贵州从江的研究也表明，和水稻单作相比，稻鱼、稻鱼鸭复合系统具有更多的营养级，食物网更加复杂，从而提高了农业生态系统的稳定性。

3 在生态系统多样性方面，农业文化遗产地通过构建水陆微生态系统，使农田与森林、草地、湿地等交织共存，增加了农田生态系统多样性

例如，稻田、鱼塘与森林生态系统共存是贵州从江侗乡稻鱼鸭系统的普遍景象。通过挖塘蓄水养鱼，人为创造水生环境，被称为"庄稼保护者"的蛙类会成倍增加，进而可以有效控制害虫暴发；通过在稻田间集中开辟林地，将稻田按等高线分割开，形成稻田、林地交错分布的景观结构，可以增加益鸟的数量进而减少害虫的数量。由于稻田镶嵌于森林生态系统之中，形成复合的有机体，促进了系统内的水分循环。如白天温度升高时，稻田中的水分通过蒸腾与蒸发作用进入大气，但因为森林的阻挡而产生滞留作用，当夜间温度降低时再凝结为露或雾，又回到稻田中。此外，当地居民在森林与稻田生态系统的过渡地段，开辟 5~7 米的浅草带，并利用人工砍伐、焚烧或者牲畜啃食等方式进行人为控制。这些草地，不仅可以增加稻田周围的通风、透光程度，又可以防止野生动物进入稻田，还给耕牛、马和羊提供放牧地，降低地表径流，减少泥沙沉积，缓解泥石流和山洪的危害。草地生态系统的存在，还提高了草地生物的多样性。

4 在景观多样性方面，农业文化遗产地居民与自然协同进化的过程中，形成了由森林、草地、农田、河流、湖泊、村落等组成的独特的、活态的农业景观

在云南红河哈尼稻作梯田系统中，我们以龙甲小流域作为案例区进行的实证研究发现，区内主要的景观类型包括稻作梯田、旱梯田、阔叶林、针叶林、茶园和村庄。其中稻作梯田占景观总面积的 44.6%，其次是阔叶林占 29.5%，旱梯田占 19.2%，针叶林、村庄和茶园分别占 4.6%、2.0% 和 0.1%。阔叶林、稻作梯田和旱作梯田都存在大面积连续性的景观斑块。这种异质性高且连续性好的农业景观，其调节和支持功能更为显著。

5 在文化多样性方面，农业文化遗产地居民在长期与自然适应的过程中，积累了丰富的经验，也成为农业文化遗产系统的重要组成部分

在贵州从江侗乡稻鱼鸭系统中，侗族农业生物多样性与传统文化之间存在着极其密切的关系，在服饰、饮食、建筑、医药等传统文化中都有明显表现。而传统文化中的习惯法（村规民约）、习俗等非物质文化形式，对农业生物多样性的保护产生了积极的作用。在云南红河哈尼稻作梯田，哈尼人以图腾崇拜、自然崇拜等形式保护动植物和赖以生存的森林、大山与土地；以祖先崇拜构建共同记忆，维系家庭和家族的联系，建立认同和归属感；以切实有效的资源（主要是水、耕地和生物）管理知识维持稻作梯田系统的稳定性和可持续发展。在这样的信仰与心态下，哈尼族各种祭祀活动便带有农业生物多样性保护、生态系统保护等生态文化意义。

延伸阅读 ❯

国际生物多样性日及其历年主题

联合国环境规划署于 1988 年 11 月召开生物多样性特设专家工作组会议，探讨一项生物多样性国际公约的必要性；1989 年 5 月建立了技术和法律特设专家工作组，拟订一个保护和可持续利用生物多样性的国际法律文书；1992 年 5 月，在肯尼亚首都内罗毕召开会议通过了《生物多样性公约协议文本》；1992 年 6 月 5 日在巴西当时的首都里约热内卢召开的联合国环境与发展大会期间，153 个国家签署了《保护生物多样性公约》，1993 年 12 月 29 日生效。缔约国第一次会议于 1994 年 11 月在巴哈马召开，建议 12 月 29 日即《公约》生效的日子为"国际生物多样性日"；1994 年 12 月，联合国大会通过决议，将每年的 12 月 29 日定为"国际生物多样性日"，以提高人们对保护生物多样性重要性的认识；2000 年 12 月 20 日，联合国大会通过决议，宣布国际生物多样性日从 2001 年 12 月 29 日起改为 5 月 22 日，其目的是庆祝生物多样性公约的最终通过。目前，180 多个国家批准了该协议。中国 1992 年 6 月 11 日签署该公约。

国际生物多样性日历年主题为：

- 2002 年：专注于森林生物多样性；
- 2003 年：生物多样性和减贫——可持续发展面临的挑战；
- 2004 年：生物多样性——全人类的食物、水和健康；
- 2005 年：生物多样性——不断变化之世界的生命保障；
- 2006 年：旱地生物多样性保护；
- 2007 年：生物多样性和气候变化；
- 2008 年：生物多样性与农业；
- 2009 年：外来入侵物种；
- 2010 年：生物多样性、发展和减贫；
- 2011 年：森林生物多样性；

- 2012 年：海洋生物多样性；
- 2013 年：水和生物多样性；
- 2014 年：岛屿生物多样性；
- 2015 年：生物多样性助推可持续发展；
- 2016 年：生物多样性主流化，可持续的人类生计；
- 2017 年：生物多样性与旅游可持续发展；
- 2018 年：纪念生物多样性保护行动 25 周年。

野生动植物保护的农业文化遗产途径 ①

今天（2018 年 3 月 3 日）是第 5 个"世界野生动植物日"。野生动植物是全球生态系统的重要组成部分，是生物多样性的具体体现，维护着生态系统的稳定和平衡。生活在野外的动植物具有内在价值，有利于人类福祉和可持续发展的各个方面，包括生态、遗传、社会、经济、科学、教育、文化、娱乐和美学等。野生动植物还是人类社会赖以生存和发展的基础。农业文化遗产系统具有丰富的生物多样性，以传统生物物种资源保护、传统农业技术利用与传统农耕文化传承为重点的农业文化遗产的发掘与保护，可望为野生动植物保护探索一条新的途径。

研究与实践表明，保护野生动植物的根本性措施是保护野生动植物的栖息地，而保护栖息地的最主要措施是建立各类自然保护地。

按照一般的理解，农业是以土地资源为生产对象、通过培育动植物产品从而生产满足人类生存与发展需要的产品及工业原料的产业。这似乎与野生动植物保护有点风马牛不相及，甚至社会上存在着农业生产与野生动植物保护是冲突的认识。殊不知，适度的农业生产对于某些类型的动植物保护是有益的，甚至是必不可少的。发掘、保护这些"适度的"农业生产系统的特有物种资源、传统技术与文化体系以及所创造的乡村景观，恰是目前全球与中国重要农业文化遗产计划的核心要义。在联合国粮农组织遴选全球重要农业文化遗产的 5 个基本标准中，第二条就是"生物多样性"，要求申请者阐述候选地的农业生物多样性及相关的生物多样性状况。

一个最为典型的例子就是朱鹮的保护。

朱鹮是国际珍稀保护鸟类，自古被人们视为"吉祥之鸟"，在我国被列为一级保护动物，曾广泛分布于中国东部以及日本、俄罗斯、朝鲜等地，由于环境恶化等因素导致种群数量急剧下降。1981 年，我国科学家在陕西洋县发现了世界

---

① 本文作者为闵庆文、王佳然，原刊于《农民日报》2018 年 3 月 3 日 4 版。

仅存的 7 只野生朱鹮种群。后经人工繁殖，到 2017 年，全球朱鹮种群数量已超过 2 300 只，野生朱鹮种群数量已达 1 550 余只。

朱鹮在日本有着崇高的地位，被认为是日本文化中不可或缺的"圣鸟"。早在 1 000 年前的奈良时代，在皇室某些重要仪式里，朱鹮羽毛就成为必不可少的供奉。时至今日，朱鹮色仍然是日本人民十分喜爱的颜色，甚至作为皇宫的主色调，也经常用在皇妃的和服上。在日本传统歌曲中，更是不乏对朱鹮的赞颂。为保护朱鹮，日本政府 1908 年将朱鹮定为禁猎鸟，1934 年将其指定为"天然纪念物"并颁布了专门保护朱鹮的法令，1952 年又定为"特别天然纪念物"。但非常遗憾的是，日本的朱鹮数量不断减少，1981 年 5 只野生朱鹮全部被捕获受到保护，2003 年最后一只野生朱鹮"阿金"在佐渡岛的死亡标志着日本产朱鹮完全灭绝。

有赖于 1998 年 12 月和 2000 年 10 月中国政府先后赠送给日本的 3 只朱鹮和人们的不懈努力，佐渡岛的朱鹮数量持续增加，并再现了朱鹮与人类共生的和谐状态。2011 年 6 月在北京召开的"第三届全球重要农业文化遗产国际论坛"上，"佐渡岛稻田—朱鹮共生系统"被联合国粮农组织列为全球重要农业文化遗产（GIAHS）保护试点。

稻田不仅是水稻生产的基地，而且也是朱鹮生活的场所。位于陕西汉中的朱鹮国家级自然保护区的稻田中，随处可见朱鹮与人和谐相处的优美画面。

浙江青田稻鱼共生系统保护则是野生动物保护的另一个佐证。青田县位于浙江省中南部、瓯江流域的中下游，是著名的华侨之乡、石雕之乡。2005 年 6 月，经过原农业部和中国科学院的共同努力，"青田稻鱼共生系统"因其 1200 多年历史并富有独具特色的稻鱼文化，而被联合国粮农组织列为世界上第一批、中国第一个全球重要农业文化遗产保护试点。这种传统农业生产模式的持续利用和生态文化价值的发掘，不仅拓展了农业生产功能，带动了当地生态农业、休闲农业和文化农业的发展，提高了农业生产效益，促进了农民就业增收，而且产生了良好的生态效益。由于减少了对化肥农药的投入，从而改善了农田生态环境，增加了生物多样性。

白鹭，被称为"大气和水质状况的监测鸟"，享有"环保鸟"的美誉，是国家二级保护动物。白鹭对自然环境的要求很苛刻，只有空气质量够清新，水质够清洁，气候适宜，白鹭才会造访或安家。青田稻鱼共生系统的保护和所带来的良好生态环境，使销声匿迹多年的白鹭明显增加。

　　许多农业文化遗产地还保存着丰富的野生植物资源，万年稻作文化系统就是一个典型的例子。万年仙人洞、吊桶环遗址的发现和发掘，使中国人工栽培水稻的历史向前推进到 12 000 年前。而在万年附近的东乡县，至今还保存着一片野生稻，这是迄今为止发现的世界上纬度最高、分布最北的野生稻，被誉为中国水稻种质资源的"国宝"。这片野生稻的发现，不仅证明赣都地区是中国乃至世界的稻作起源中心区，同时也为研究我国乃至世界的稻作起源提供了宝贵的生物材料。在万年县荷桥一带所种植的"万年贡米"，有专家认为是栽培的野生稻。及至今日，万年依然是重要的水稻生产基地，"万年贡米"已成为优质稻米的一个重要品牌。正是基于这一稻作生产的完整演化链及其重要的物种资源和文化要素，"万年稻作文化系统"于 2010 年 6 月被联合国粮农组织列为全球重要农业文化遗产保护试点。

　　在中国政府等的大力推动下，全球重要农业文化遗产的概念和保护理念已经取得了广泛的国际共识，其发掘与保护已被列入联合国粮农组织的常规化工作。农业文化遗产系统具有丰富的生物多样性，以传统生物物种资源保护、传统农业技术利用与传统农耕文化传承为重点的农业文化遗产的发掘与保护，可望为野生动植物保护探索一条新的途径。

延伸阅读 ❯

世界野生动植物日及其历年主题

1973 年 3 月 3 日，经过 10 年的努力，全球 80 个国家的代表在美国首都华盛顿签署了《濒危野生动植物种国际贸易公约》，即《华盛顿公约（CITES）》，旨在管制而非完全禁止野生物种的国际贸易，其用物种分级与许可证的方式，以达成野生物种市场的永续利用性。2013 年 12 月 20 日，联合国大会第 68 届大会确定每年 3 月 3 日为"世界野生动植物日"，以提高人们对野生动植物的认识。目前缔约国达 180 多个。中国于 1980 年 12 月 25 日加入该公约，并于 1981 年 4 月 8 日对中国正式生效。

世界野生动植物日历年主题为：

- 2014 年：关注非法野生动植物贸易；
- 2015 年：依法保护野生动植物，共建美好家园；
- 2016 年：野生动植物的未来在我们手中；
- 2017 年：聆听青年人的声音，依法保护野生动植物；
- 2018 年：大型猫科动物：面临威胁的掠食者（中国的活动主题：保护虎豹，你我同行）。

农业文化遗产助力湿地生态保育 ①

自 1997 年起，每年的 2 月 2 日是世界湿地日。今天（2018 年 2 月 2 日）是第 22 个世界湿地日，主题是"湿地——城镇可持续发展的未来"。

湿地被称为"地球之肾""人类基因库"和"生物多样性的保护神"，与海洋、森林并称为全球三大生态系统，具有可观的生态系统服务价值。湿地是介于水体、陆地之间的特殊的生态系统，是指天然或人工的、永久或暂时的沼泽地、泥炭地或水域地带，具有静止或流动的淡水、半咸水或咸水体，包括低潮时水深不超过 6 米的海域。我国分布有《湿地公约》所列湿地名录中的 26 类自然湿地和 9 类人工湿地，主要包括沼泽、湖泊湿地、河流湿地、河口湿地、海岸滩涂、浅海水域、水库、池塘、稻田等各种自然和人工湿地。湿地在生物多样性维持和污染物滞留、降解方面发挥着不可替代的作用，而且还具有调节气候、调蓄洪水、涵养水源、防止水土流失的功能。

湿地与农业有着密不可分的联系。世界湿地日的多次主题都与农业相关。例如，2005 年为"湿地的文化多样性与生物多样性"，2006 年为"湿地：减贫的工具"，2007 年为"湿地与渔业"，2014 年为"湿地与农业：相伴成长"，2016 年为"面向未来可持续生计的湿地"。

湿地为农业发展提供了良好的资源与环境基础。湿地具有调蓄洪水、涵养水源、防止水土流失的功能，为农业生产提供了充足且稳定的水资源。湿地丰富的生物多样性和农业生物多样性，为人类提供丰富的食物、纤维和淡水等产品。湿地在污染物滞留和降解方面的作用，有效改善了区域水环境，并在湿地土壤中形成了大量营养物质，成为农业生态系统的重要养分来源。

湿地在农业发展中创造出丰富多彩的农业文化遗产。在目前联合国粮农组织所认定的 48 项（截至 2019 年 3 月底共 57 项——作者注）全球重要农业文化遗

---

① 本文作者为闵庆文、张碧天，原刊于《农民日报》2018 年 2 月 2 日 4 版。

产（GIAHS）中，典型的或与湿地密切相关的就有浙江青田稻鱼共生系统、贵州从江侗乡稻—鱼—鸭系统、韩国青山岛板石梯田农作系统、菲律宾伊富高稻作梯田系统、云南红河哈尼稻作梯田系统、中国南方山地稻作梯田系统、日本能登半岛山地与沿海景观、江苏兴化垛田传统农业系统、墨西哥传统架田农作系统、孟加拉国浮田农作系统、浙江湖州桑基鱼塘系统、日本佐渡岛稻田—朱鹮共生系统、印度喀拉拉邦库塔纳德海平面下农耕文化系统、日本岐阜长良川流域渔业系统以及斯里兰卡干旱地区梯级池塘—村庄系统等。除了上述我国的一些全球重要农业文化遗产外，原农业部发布的中国重要农业文化遗产（China-NIAHS）中，典型的或与湿地密切相关的还有广西隆安壮族"那文化"稻作文化系统、吉林九台五官屯贡米栽培系统、云南广南八宝稻作生态系统、云南剑川稻麦复种系统、北京京西稻稻作文化系统、辽宁桓仁京租稻栽培系统、黑龙江宁安香水稻作文化系统、浙江云和梯田农业系统、江西广昌传统莲作系统、江苏高邮湖泊湿地农业系统、浙江德清淡水珍珠传统养殖与利用系统、黑龙江抚远赫哲族鱼文化系统、安徽休宁山泉流水养鱼系统、安徽寿县芍陂及灌区农业系统等，其中云南红河哈尼梯田、贵州从江加榜梯田等还被命名为国家湿地公园。

农业文化遗产是联合国粮农组织发起的一项以生物多样性、文化多样性保护为重点的大型计划。过去10多年的实践表明，农业文化遗产动态保护与适应性管理的理念对于湿地生态系统健康维持与可持续管理具有重要意义。

湿地农业文化遗产保护注重传统生产技术体系的应用。如在山川连绵、平地土地资源稀缺的地区，为了利用坡地土壤，发展出了梯田稻作系统；在湖泊湿地地区，洪涝频发，为了应对湖汛水位上涨的危害，发展出了垛田、架田和浮田的耕作系统；在适合水产养殖的地区，为了充分利用水体间土壤，发展出了桑基鱼塘系统。建设梯田、浮田、桑基鱼塘的传统农业生产技术是通过千余年实践检验的湿地可持续利用的有效方法，以云南红河哈尼梯田为代表的"森林—村寨—梯田—水系"的四度同构生态结构与水资源管理技术体系，对于湿地生态系统保育依然具有重要借鉴价值。

湿地农业文化遗产保护注重湿地生物多样性保护与生态系统服务的维持。湿地农业文化遗产中发展出许多独特的种养模式，如青田的稻田养鱼、从江的稻田养鱼养鸭、湖州的桑基鱼塘、高邮的鱼虾蟹混养等。这些看似简单的种养模式背后，蕴含着深刻的生态学内涵，能够在增产的同时减少化肥农药的使用量，减少农业生产对湿地环境的不利影响。与此同时，作物和畜禽的混养和培育方式增加了农业生物多样性，例如青田稻鱼共生系统中具有很高的基因多样性和丰富的生物物种资源。

湿地农业文化遗产保护注重湿地生态与文化景观保育，注重传统文化和民俗的传承。湿地农业文化遗产地往往有令人惊叹的美景，或壮丽或婉约。高耸入云的哈尼梯田，一望无际的垛田花海，星罗棋布的桑基鱼塘都是农业文化遗产地丰厚的农业历史、民俗文化和技术的外在表现。湿地农业文化遗产突出的生态资源和文化资源都可以成为湿地地区发展第三产业的重要依托，多维度可持续地利用湿地资源。

将农业文化遗产保护与湿地生态保育相结合，依托传统农业知识与技术体系以及生态与文化景观资源，在保护湿地生态系统的同时，可以提高湿地生态农业效益、拓展湿地生态功能，通过发展有文化内涵的生态农业、生态旅游和生态文化产业，可以实现生态保护、文化传承与经济发展的"多赢"。

延伸阅读 ➤

世界湿地日及其历年主题

经过 8 年多的努力，来自 18 个国家的代表于 1971 年 2 月 2 日在伊朗南部海滨小城拉姆萨尔签署了一个旨在保护和合理利用全球湿地的公约——《关于特别是作为水禽栖息地的国际重要湿地公约》（简称《湿地公约》）。该公约于 1975 年 12 月 21 日正式生效，目前有约 170 个缔约方。中国于 1992 年加入该公约。为了纪念这一壮举并提高公众的湿地意识，1996 年 10 月《湿地公约》常务委员会第 19 次会议决定，从 1997 年起每年的 2 月 2 日定为"世界湿地日"并每年确定一个不同的主题。

世界湿地日历年主题为：

- 1997 年：湿地是生命之源；
- 1998 年：湿地之水，水之湿地；
- 1999 年：人与湿地，息息相关；
- 2000 年：珍惜我们共同的国际重要湿地；
- 2001 年：湿地世界——有待探索的世界；
- 2002 年：湿地：水、生命和文化；
- 2003 年：没有湿地，就没有水；
- 2004 年：从高山到海洋，湿地在为人类服务；
- 2005 年：湿地生物多样性和文化多样性；
- 2006 年：湿地与减贫；
- 2007 年：湿地与鱼类；
- 2008 年：健康的湿地，健康的人类；
- 2009 年：从上游到下游，湿地连着你和我；
- 2010 年：湿地、生物多样性与气候变化；
- 2011 年：森林与水和湿地息息相关；
- 2012 年：湿地与旅游；

- 2013 年：湿地和水资源管理；
- 2014 年：湿地与农业；
- 2015 年：湿地：我们的未来；
- 2016 年：湿地与未来：可持续的生计；
- 2017 年：湿地减少灾害风险；
- 2018 年：湿地：城镇可持续发展的未来。

农业文化遗产保护：解决农村环境问题的新机遇①

人们在欣喜于中国经济高速发展给农村带来翻天覆地变化的同时，也开始慨叹以往的蓝天碧水不复存在，开始警觉自己每日的饮食不再安全，开始意识到这种高速发展给农村的环境带来了巨大危害。一向与自然和谐共处的农村地区也成了工业化进程的受害者。

农药、化肥的大量使用，不仅使农作物中的有害成分显著增加，而且使土壤的品质大大下降；农用地膜在环境中难以降解，严重污染了农田环境；作物秸秆的燃烧和不合理利用严重污染了农村的空气；小型企业在农村的发展带来了严重的污染，各种废水、废气和废渣等不能及时得到处理，直接排放进入水体和农田，带来了极大隐患；对于农田附近森林的破坏造成水土流失和生物生境的破坏，对农村的生产和生活都是巨大的威胁；另外，农村的各种生活垃圾等也成为环境污染的元凶。

然而，长期以来农村的环境问题受到忽视。有关统计表明，我国目前还有3亿多人没法喝上干净的水，1.5亿亩耕地遭到严重污染。这些污染已经开始危及农民的生存权，并且引发一些疾病。许多地方因为污染问题已经极大降低了农民的收入，甚至让许多农民无法生活。城市发展了，城市的环境问题受到了重视，而农村却为此付出了惨重的代价，环境不断恶化。社会主义新农村建设提出了"生产发展、生活富裕、生态良好"的目标，但是如果不重视农村的环境问题，这一目标的实现很难得到保证。

那么，农村环境问题应该如何解决？很多学者开始探索并且寻找答案。在众多的答案当中，全球重要农业文化遗产（GIAHS）保护倡议无疑为这个问题的解答提供了新的思路。

全球重要农业文化遗产为我们提供了认识农业发展的全新视角，让我们重新

---

① 本文作者为闵庆文、孙业红，原刊于《世界环境》2008年1期62-64页。

开始审视传统农业不可替代的优势，并且从这个角度切入解决农村的环境问题。

中国的农业发展经历了三个阶段：传统农业、常规农业和高效生态农业。在传统农业阶段，没有工业化的冲击，农业活动以体力为主，商品化程度很低，农业发展中蕴含了丰富的"天人合一""因地制宜"等可持续发展的思想，但是由于生产力低下，难以适应人民生活水平提高和国家建设发展的需要。因此，常规农业登上了历史舞台。常规农业建立在西方工业化的基础之上，采用大规模的现代化生产技术和生产模式，农产品品种改良、化肥、农药的使用成为这一时期主旋律。常规农业无疑极大提高了粮食产量，然而问题却也随之产生。食物安全、土壤污染和功能退化、传统品种流失以及生物入侵等问题开始让人们头疼不已。由于常规农业的弊端，各国都在寻找新的替代农业，提出了有机农业、生物农业、自然农业、持续农业和生态农业等模式，这些模式都是以生态学为基本思想的，可以统称为生态农业。它是建立在人与自然和谐共存基础之上，是对现代工业化农业的否定，利用生物多样性建立的生态系统被日益重视，通过增加内部循环减少对化肥和农药的依赖，减少对资源的压力和对环境的损害，保障食品安全和维护生态环境效益成为重要目标。这是中国农业发展的出路。那么，保护传统农业对农业发展的意义何在？其实答案很清楚：高效生态农业的发展离不开传统农业的经验，传统农业为发展高效生态农业奠定了基础，而全球重要农业文化遗产倡议的意义之一也正在于此。

由于全球重要农业文化遗产强调对传统农业以及与其相关的生物和文化多样性的保护，因此对农村环境的保护具有积极作用，为解决农村环境问题提供了新的机遇。GIAHS倡议从农业生物多样保护、传统农业耕作方式保护、传统农业文化保护、农业景观保护等方面来保障传统农业的发展以及其适应性管理。要实现对农业生物多样性的保护，必须加强对关键物种的保护，这将有效保护农业遗传资源，为农业可持续发展做出巨大贡献，同时，也要加强对各物种生存环境的保护，这将关系到整个农村环境保护的问题。

首先，通过农业文化遗产保护实现对农田生态环境的保护。化肥、农药等常规农业发展所依赖的因素在生态系统中得到严格控制，通过生物防治、有机肥料等解决农业生产中的病虫害问题。因为没有了化肥、农药等污染源，农田土壤污染、板结、贫瘠化等问题就得到了解决，同时食物安全也就得到了保证。在农田间建立植被缓冲地带可以增加生物迁徙和移动的通道，在保护农田生态环境的同时保护生物多样性。通过对地膜使用的限制和回收可以减少土地的污染问题，有效净化了农田环境。

其次，通过农业文化遗产的保护可以确保农业系统中的水源得到保护。农业文化遗产中严格控制污水在水体中的排放，禁止生产和生活垃圾随意堆放的思路与技术，对于保护水环境有重要的意义。

最后，农业文化遗产多功能特征有助于农业的替代式发展。如有机农业、生态旅游等，而非具有污染性的工业企业以及其他可能破坏农村环境的产业。由于农业生产过程中不使用农药、化肥等，农产品的品质就会较常规农业的产品高，通过有机农业认证，可以发展有机农业产业，在提高农民生活水平的同时保护了农村环境。生态旅游的发展可以将传统农业地区的精华展示给旅游者，通过环境教育增强人们对于传统农业的认识，同时可以将农产品等作为旅游纪念品进行销售，极大增加传统农业地区的经济收入。

总之，全球重要农业文化遗产倡议通过对农业生物多样性、景观多样性的保护等有效保护了农村的生态环境。在国家提倡建设社会主义新农村的形势下，将有效促进农村环境的保护。

农业生态环境保护应从传统中汲取智慧 [1]

——写在 2018 年 6 月 5 日 "世界环境日"

　　无论是在新闻媒体、政府报告里，还是在学术期刊或科普读物中，"农业面源污染"绝对是当下的一个热词。

　　面对日益严峻的农业生态环境形势，农业管理部门采取了一系列重要措施。2015 年原农业部颁布了《关于打好农业面源污染防治攻坚战的实施意见》，提出了力争到 2020 年农业面源污染加剧的趋势得到有效遏制的总体目标，明确了实现"一控两减三基本"（严格控制农业用水总量，减少化肥和农药使用量，畜禽粪便、农作物秸秆、农膜基本资源化利用）的治理途径。而且提出不仅要加强农业面源污染防治，还将充分发挥农业生态系统服务功能，把农业建设成为美丽中国的"生态屏障"。

　　这些措施已经初见成效，但依然任重而道远。因为，农业不仅肩负着保障国家粮食安全的重任，还担负着美丽中国生态屏障的重任、农村社会稳定的重任、农民就业增收的重任、农耕文化传承的重任。毋庸讳言，农业在"负重行军"。

　　面源污染，农业本不该如此。

　　100 年多前的 1909 年，美国学者富兰克林·金为了寻找传统农业的真谛和解决西方农业发展问题的良方，远涉重洋考察了中国、日本和朝鲜的古老农耕体系，1911 年出版了《四千年农夫——中国、朝鲜和日本的永续农业》一书。让我们看看他的发现：

　　"在 20 世纪，一场大规模的货运活动展开，满载着饲料和化肥的货船驶往西欧和美国东部地区。使用化肥从来都不是中国、朝鲜和日本保持土壤肥力的方法，……东亚民族保存下了全部废物，无论来自农村和城市，还是其他被我们

---

① 原刊于《农民日报》2018 年 6 月 5 日 4 版。

忽视的地方，收集有机肥料应用于自己的土地被视为神圣的农业活动。"

金教授进一步指出：

"假如能向世界全面、准确地解释仅仅依靠中国、朝鲜和日本的农产品就能养活如此多的人口的原因，那么农业便可当之无愧地成为最具有发展意义、教育意义和社会意义的产业。农业发展进程中，许多农业生产技术和操作习惯已经不复存在，这些消失的实践经验一度被认为是落后的。但是几世纪之前，东亚三国的农业已经能够支撑起如此高密度的人口，并且持续发展至今，这个现象成为此项研究的一大亮点。现在，进行此项研究的时机已经完全成熟。"

与 100 年前相比，现在的生态环境问题更为严重。100 年多前，西方农业发展要向东方学习；100 多年后的今天，我们的现代农业发展则要汲取传统农业的智慧。

有着 1 200 多年历史的浙江青田稻鱼共生系统，2005 年成为我国第一个全球重要农业文化遗产。浙江大学陈欣教授团队经过 5 年的试验研究，揭示了物种间的正相互作用及资源的互补利用是稻鱼共生系统可持续的重要生态学机制。鲤鱼通过冲撞稻秧，导致稻飞虱落入水中，降低其对水稻危害。同时，鲤鱼冲撞能够使清晨水稻叶片露水坠入水中，减少稻瘟病原孢子产生和菌丝体生长，降低其对水稻的危害。鲤鱼取食甚至连根拔起许多杂草，显著降低稻田杂草数量。作为回报，水稻再给鱼类提供食物（昆虫和水稻叶片）的同时，还能够抵挡烈日照射，降低表层水温，除此之外，水稻能够利用氮素，降低水中铵盐浓度，为鱼类生长创造良好环境。相比常规水稻单作模式，稻鱼共生系统能够降低 68% 的杀虫剂和 24% 的化肥施用。

贵州从江侗乡稻鱼鸭系统具有 1 000 多年的历史，2011 年被认定为全球重要农业文化遗产。我们的研究发现，稻田多个物种共存可以有效控制杂草、减少稻飞虱和稻纵卷叶螟的虫量。鱼和鸭的取食、啄根、践踏及中耕混水等活动对于系统内有害生物的控制起着重要的作用。鲤鱼是杂食性的，除了摄食小虾、昆虫幼虫等以外，还摄食各种藻类、水草根叶、植物果实等。鸭也为杂食性，除捕食昆虫及其他小动物外，对稻田杂草也有取食。鱼、鸭的活动减少了禾苗的无效分蘖，改善禾苗个体发育，使其抗病虫能力增强，同时，鱼、鸭的活动还改善了稻田通风透光条件，恶化了病虫滋生环境，从而有效抑制了稻田病虫的危害。

有着 1 300 多年历史的云南红河哈尼稻作梯田系统，是我国唯一拥有全球重要农业文化遗产（2010 年认定）和世界文化遗产（2013 年认定）两个"世界级品牌"的遗产地，很多游客往往震撼于美丽壮观的梯田和哈尼族人自强不息的顽强精神，但这个传统农业系统中还有许多科技秘密。云南农业大学朱有勇院士团队发现当地农民依然采用常规水稻与传统水稻间作的种植方式。研究发现，这种典型的多样性栽培技术隐含着利用遗传多样性控制病虫害的秘密：汕型杂交稻与优质地方稻品种混合间栽比同一品种净栽对稻瘟病有极为显著的控制效果，尤其突出的是混合间栽中高度感病的优质地方稻品种对稻瘟病的发病率、病情指数均有极显著的下降，防治效果达 83%~98%。利用水稻遗传多样性控制稻瘟病，可以使每亩水稻净增量达到 50%，同时减少 60% 的农药使用量，提高土地利用率 10% 到 15%。

问题不是要不要农业，因为只要人类生存在这个世界上，就离不开为我们提供食品与用品的农业。问题是我们用什么样的方式发展农业，智慧的农耕方式提供给我们的除了优质的农产品外，还有生态环境的正外部性。关键的问题是要走绿色发展之路，而在绿色发展过程中，汲取传统农业智慧是我们的不二选择。

祝愿金教授的"预言"能够实现：这个充满活力、堪称伟大创举的农耕活动，已经有了 4 000 年的不断积累，而且这个势头还将保持下去。

延伸阅读 ❯

世界环境日及其历年主题

随着世界范围内的环境污染与生态破坏日益严重，环境问题和环境保护逐渐为国际社会所关注。1972年6月5—16日，联合国在瑞典首都斯德哥尔摩召开第一次人类环境会议，通过了著名的《人类环境宣言》及保护全球环境的"行动计划"，提出"为了这一代和将来世世代代保护和改善环境"的口号。出席会议的113个国家和地区的1300名代表建议将大会开幕日定为"世界环境日"。同年10月，第27届联合国大会根据斯德哥尔摩会议的建议，决定成立联合国环境规划署，并确定每年的6月5日为"世界环境日"，要求联合国机构和各国政府与团体在每年6月5日前后举行相关活动。中国政府派代表团参加了斯德哥尔摩会议，并积极参与了宣言的起草工作，在会上提出了经周恩来总理审定的中国政府关于环境保护的32字方针："全面规划，合理布局，综合利用，化害为利，依靠群众，大家动手，保护环境，造福人民。"

世界环境日历年主题为：

- 1974年：只有一个地球；
- 1975年：人类居所；
- 1976年：水，生命的重要源泉；
- 1977年：关注臭氧层破坏、水土流失、土壤退化和滥伐森林；
- 1978年：没有破坏的发展；
- 1979年：为了儿童的未来——没有破坏的发展；
- 1980年：新的十年，新的挑战——没有破坏的发展；
- 1981年：保护地下水和人类食物链，防治有毒化学品污染；
- 1982年：纪念斯德哥尔摩人类环境会议10周年——提高环保境识；
- 1983年：管理和处置有害废弃物，防治酸雨破坏和提高能源利用率；
- 1984年：荒漠化；

- 1985 年：青年、人口、环境；
- 1986 年：环境与和平；
- 1987 年：环境与居住；
- 1988 年：保护环境、持续发展、公众参与；
- 1989 年：警惕全球变暖；
- 1990 年：儿童与环境；
- 1991 年：气候变化——需要全球合作；
- 1992 年：只有一个地球——关心与共享；
- 1993 年：贫穷与环境——摆脱恶性循环；
- 1994 年：同一个地球，同一个家庭；
- 1995 年：各国人民联合起来，创造更加美好的世界；
- 1996 年：我们的地球、居住地、家园；
- 1997 年：为了地球上的生命；
- 1998 年：为了地球的生命，拯救我们的海洋；
- 1999 年：拯救地球就是拯救未来；
- 2000 年：环境千年，行动起来；
- 2001 年：世间万物，生命之网；
- 2002 年：让地球充满生机；
- 2003 年：水——20 亿人生命之所系！
- 2004 年：海洋存亡，匹夫有责；
- 2005 年：营造绿色城市，呵护地球家园（中国主题：人人参与，创建绿色家园）
- 2006 年：莫使旱地变为沙漠（中国主题：生态安全与环境友好型社会）；
- 2007 年：冰川消融，后果堪忧（中国主题：污染减排与环境友好型社会）；
- 2008 年：促进低碳经济（中国主题：绿色奥运与环境友好型社会）；
- 2009 年：地球需要你：团结起来应对气候变化（中国主题：减少污染——行动起来）；
- 2010 年：多样的物种，唯一的地球，共同的未来（中国主题：低碳减排，绿色生活）；

- 2011 年：森林：大自然为您效劳（中国主题：共建生态文明，共享绿色未来）；

- 2012 年：绿色经济：你参与了吗？（中国主题：绿色消费，你行动了吗？）

- 2013 年：思前，食后，厉行节约（中国主题：同呼吸，共奋斗）；

- 2014 年：提高你的呼声，而不是海平面（中国主题：向污染宣战）；

- 2015 年：可持续消费和生产（中国主题：践行绿色生活）；

- 2016 年：为生命呐喊（中国主题：改善环境质量，推动绿色发展）；

- 2017 年：人与自然，相联相生（中国主题：绿水青山就是金山银山）；

- 2018 年：塑战速决（中国主题：美丽中国，我是行动者）。

从农业文化遗产中汲取土壤保护经验 [①]

12月5日为"世界土壤日"，联合国粮农组织设定今年（2018年）的主题为"土壤污染解决方案"。

土壤保护是一个全球性问题。随着快速的人口增长、城市化以及气候变化等因素，导致世界上三分之一的土壤面临受损威胁。

我国的情况也不容乐观。土壤基础地力下降、物理性质变差、养分失衡是制约土壤肥力可持续发展的基础性问题，宜农土地资源不足和肥力的不可持续性严重制约了高产优产目标的实现；土壤污染严重导致农产品品质降低，威胁人们的健康；土壤生态系统功能退化，导致水土保持、防风固沙能力下降。

土壤生态系统服务功能的正常保持和良性发挥关乎国家粮食安全和人民福祉，积极探寻保护土壤战略对策，促进土壤肥力恢复、有效治理土壤污染、提升土壤生态功能是保证土壤健康的基础，也是一项迫在眉睫的重任。

作为农业文化遗产重要组成部分的传统农耕技术，是人类在生产、生活实践中积累的宝贵财富，蕴含着丰富的土地利用、合理耕作、栽培管理、生态培肥、水土保持理念，是用地与养地相结合的理论集成和智慧结晶，对于土壤保护具有借鉴和指导意义。

精耕细作的传统农耕方式。精耕细作是我国传统农业最显著的特点，间作、复种、套种、轮作、连作、休闲等种植模式及其相配套的翻耕、耙地、整地、镇压等技术措施，是中国传统耕作制度的代表，在内蒙古敖汉旱作农业系统、云南剑川稻麦复种系统等，可以看到这些技术的应用。耗地作物与养地作物结合、水田和旱作结合的种植模式，可以实现土壤肥力资源的有效利用。在内蒙古敖汉旗，通过"黍—马铃薯—谷—豆—黍"轮作，解决了土壤养分上下不均、耕层变薄等问题，实现了土壤养分良性循环和持续增产。此外，秸秆还田、堆肥沤肥

[①] 本文作者为闵庆文、刘显洋，原刊于《农民日报》2018年12月5日3版。

等栽培管理技术有助于增加土壤肥力、促进有机质转化、增加作物吸收土壤有效氮、维持养分平衡。

生态循环的农业发展理念。天人合一的生态理念是传统农业思想的精髓，以"种养结合"为代表的朴素的生态观缔造出生态优良、景观优美、产品绿色的农业文化遗产。浙江青田稻鱼共生系统、贵州从江侗乡稻鱼鸭复合系统、浙江湖州桑基鱼塘系统等都是这方面的典型代表。这些系统具有丰富的生物多样性，蕴含活跃的物质循环和能量流动，通过"鱼食昆虫杂草—鱼粪肥田"或"桑叶喂蚕、蚕沙养鱼、鱼粪肥塘、塘泥壅桑"的方式，系统自身维持正常循环，不需使用化肥，保证了土质安全和生态平衡。此外，由于鱼、鸭、蚕等生物的呼吸、觅食和排泄，自然而然地形成了与之相关的微生物群，从而制约了其他微生物的蔓延，有效缓解了各类病害，减少了农药和杀虫剂的使用，改善了土壤环境。

复合多样的农业生产方式。农林牧结合是生态系统功能优化的重要方式之一，具有独特的历史与现实价值。农林复合、农牧复合、林牧复合的格局也广泛见于农业文化遗产，如甘肃迭部扎尕那农林牧复合系统。土壤资源的保护不仅仅体现在保障耕地面积的总量和保护土壤生态环境质量，还体现在确保土壤生态系统服务功能的发挥等方面。在农林牧复合系统中，农田外围的森林起到了防止水土流失、防风固沙、削洪抗旱的作用。扎尕那农林牧复合系统高度适应地理环境，在河滩川水地耕种、脑山地放牧的模式有助于维持区域循环，具有生物多样性保护、水源涵养和水土保持等重要的生态功能。

蓄水保土的陡坡耕作技术。山地梯田可谓是古代劳动人民适应严酷自然环境的一大创造，是治理坡耕地水土流失的有效措施，具有显著的蓄水保土作用。云南红河哈尼稻作梯田系统、中国南方山地稻作梯田系统、河北涉县旱作梯田系统等就是这一类农业文化遗产的典型代表。在云南红河，哈尼族先民在森林和村寨下的半山区修筑梯田，泉水溪流在林间汇集，向下流入村寨及梯田，并在最低处的河流汇聚入江河，"四度同构"的空间结构增强了土壤的水土保持功能，保障了村寨的系统稳定性和自净能力。

农业文化遗产系统中的传统知识与技术对土壤生态健康的维持具有重要意义，有助于增强土壤肥力，重构土肥关系；有助于治理土壤污染，保障环境安全；有助于修复受损土壤，提高生态功能。从农业文化遗产中汲取经验，可以为土壤生态健康提供新思路。

延伸阅读 ❯

世界土壤日及其历年主题

2002 年，国际土壤科学联合会通过决议，提议将 12 月 5 日设立为世界土壤日，以彰显土壤作为自然体系中的一个重要的组成部分以及人类福祉的一个主要贡献者所发挥的重要作用。2013 年 6 月，联合国粮农组织大会一致同意设立世界土壤日，并要求第 68 届联合国大会通过决议对此加以正式确认。2013 年 10 月，第 68 届联合国大会宣布 12 月 5 日为世界土壤日。

世界土壤日历年主题为：

- 2014 年：土壤：家庭农业的基础；
- 2015 年：健康土壤带来健康生活；
- 2016 年：土壤和豆类：生命共生；
- 2017 年：关爱地球从地面开始；
- 2018 年：土壤污染解决方案。

保护农业文化遗产　永续乡土文化的根 ①

2013 年底陆续召开的中央城镇化工作会议和中央农村工作会议，对于深入发掘农业文化遗产的内涵、深刻认识农业文化遗产的价值、促进农业文化遗产保护与管理的健康发展，无疑具有重要的指导作用。

12 月 12 日至 13 日举行的中央城镇化工作会议强调，城镇建设要传承文化，发展有历史记忆、地域特色、民族特点的美丽城镇；要体现尊重自然、顺应自然、天人合一的理念，依托现有山水脉络等独特风光，让城市融入大自然，让居民望得见山、看得见水、记得住乡愁；在促进城乡一体化发展中，要注意保留村庄原始风貌，慎砍树、不填湖、少拆房，尽可能在原有村庄形态上改善居民生活条件。

12 月 23—24 日举行的中央农村工作会议强调，通过富裕农民、提高农民、扶持农民，让农业经营有效益，让农业成为有奔头的产业，让农民成为体面的职业，让农村成为安居乐业的美丽家园。要以保障和改善农村民生为优先方向，农村是我国传统文明的发源地，乡土文化的根不能断，农村不能成为荒芜的农村、留守的农村、记忆中的故园。

推动城镇化和农业现代化相互协调、同步发展，是党的十八大提出的"四化同步"战略举措的重要内容。新型城镇化和新农村建设是农村发展的主流，但正如韩长赋部长所指出的那样，新农村建设要和新型城镇化融合发展，不能搞"去农村化"。城镇化要带动新农村建设，不能取代新农村建设。城乡一体化不是城乡同样化，新农村应该是升级版的农村，而不该是缩小版的城市。城镇和农村要和谐一体，各具特色，否则就会城镇不像城镇，农村不像农村。

农业文化遗产是融活态性、复合性等特点为一体，包含生物资源、生态景观、民俗文化、传统村落、传统知识与技术体系等在内的复合型农业生产系统，

---

① 本文原刊于《农民日报》2014 年 1 月 24 日第 4 版。

具有生态与环境、经济与生计、社会与文化、科研与教育、示范与推广等多种功能与价值。农业文化遗产保护的核心目的正是在做好农业生物多样性、农业文化多样性和乡村景观多样性保护的前提下，通过发展优势特色产业、农产品加工业和休闲农业等途径，实现农业文化遗产的直接、间接抑或是潜在的价值，从而增加农业收益和农民收入，促进地区经济发展和居民生活水平的提高，并为现代农业发展提供支持。

关于农业文化遗产及其保护，的确存在着一些误区。第一个误区是将农业文化遗产保护与现代农业发展对立起来。"传统"是一个过去的概念，大量的事实证明，历经数千年的传统农业并非"一无是处"；"现代"是一个动态的概念，以化石能源消耗为主要特征的现代农业并非"十全十美"。"传统"并不意味着"落后"，农业文化遗产是传统农业的精华所在，将其与现代农业技术相结合，则是现代生态农业发展的方向。对于农业文化遗产而言，内涵的保护远大于形式的保护。

误区之二是将农业文化遗产保护与提高农民生活水平对立起来。农业文化遗产保护的根本目的，是促使传统农业系统在新的条件下的自我维持和自我发展，并在这种发展过程中为遗产地居民提供多样化的产品和服务，并在此基础上促进人们生活水平和生活质量的不断提高。

误区之三是将农业文化遗产保护与农业文化遗产地发展对立起来。"保护"不是"保存"，"发展"不是"开发"。保护是为了更好的发展，发展是积极的保护。农业文化遗产强调的是"动态保护"与"适应性管理"，既反对缺乏规划与控制的"破坏性开发"，也反对僵化不变的"冷冻式保存"。在社会经济快速发展的今天，遗产地因为相对落后有迫切发展的诉求是很正常的，关键是寻找保护与发展的"平衡点"，以及探索后发条件下的可持续发展道路。

农业文化遗产不是落后农业与农村的代名词，农业文化遗产地是开展农业科学研究的平台、展示传统农业辉煌成就的窗口、传承独特乡土文化的载体、生产生态文化型农产品的基地、发展农业文化旅游的资源。

保护农业文化遗产，将使我们不忘"乡愁"，永续"乡土文化"。

加强农业文化遗产保护关乎国家文化自信①

2018年7月2日，在巴林举行的第42届世界遗产大会上，梵净山被列入世界遗产名录。至此，中国的世界遗产数量增至53处，其中世界自然遗产数量增至13处，成为拥有世界自然遗产最多的国家。欣喜之余，想到一个问题，那就是人们对"世界遗产"认识的偏颇。

人们耳熟能详的可能是联合国教科文组织的世界遗产，如神农架、梵净山等自然遗产，长城、故宫等文化遗产，泰山、黄山等混合遗产，以及昆曲、武术等非物质文化遗产，但还有另外一些同样是国际组织认定的世界遗产却少有人了解，如同样是联合国教科文组织认定的世界生物圈保护区、世界地质公园，还有联合国粮农组织认定的全球重要农业文化遗产等。

相比自然遗产、文化遗产等的知名度，农业文化遗产可谓"藏在深闺人未识"；相对自然保护区和文物保护单位与传统村落的保护投入，农业文化遗产则是"被遗忘的角落"。

中国是农业大国，有着悠久的农耕历史和灿烂的农耕文化，对于农业发展的价值早在100年前就已引起国际社会的关注。1909年，美国农业部土壤局局长、威斯康星大学富兰克林·H.金教授，远涉重洋考察了中国古老的农耕体系和保护自然资源的方法。在此基础上，他写出的《四千年农夫》，在20世纪50年代成为美国有机农业的"圣经"。

在我国，从历史学和考古学的角度进行农业遗产研究大约有100年的历史。中华人民共和国成立后，在周恩来总理的关心下，中国农业科学院和南京农业大学在1955年成立了"中国农业遗产研究室"。但是，对活态、系统性农业文化遗产进行发掘与保护只有10多年的时间。针对农业与农村发展不可持续、农业生物多样性减少、农业生态系统功能退化、传统农耕文化不断消失等问题，联合国

---

① 本文原刊于《人民政协报》2018年7月26日第3版。

粮农组织于 2002 年发起了"全球重要农业文化遗产（GIAHS）"倡议。中国是这一倡议的最早响应者、积极参与者、重要推动者和最佳实践者。2005 年，经过原农业部和中国科学院共同努力，将"浙江青田稻鱼共生系统"成功推荐为世界上第一批全球重要农业文化遗产保护试点。截至目前（2019 年 3 月），我国已有 15 个项目得到联合国粮农组织的认定，数量居于世界首位。

农业文化遗产是劳动人民长期生存智慧的结晶，蕴含着丰富的社会、经济、文化、生态等价值，对于现在以及未来农业与农村的可持续发展意义重大。习近平总书记十分关心农耕文化保护工作。2016 年起，农业文化遗产发掘与保护已经连续三年写入中央"一号文件"。早在 2005 年，针对青田稻鱼共生系统被列为全球重要农业文化遗产保护试点，时任浙江省委书记的习近平同志就作出重要批示。后来，他在中央农村工作会议上又进一步指出，"农耕文化是我国农业的宝贵财富，是中华文化的重要组成部分，不仅不能丢，而且要不断发扬光大"。

发掘、保护农业文化遗产，关乎国学文化安全。其实，在联合国粮农组织所认定的 52 项（截至 2019 年 3 月共 57 项——作者注）全球重要农业文化遗产中，有很多国外项目中的关键农业技术或农业物种都与中国密切相关，甚至来源于中国。例如伊朗的坎儿井，与新疆的坎儿井异曲同工；日本和歌山的青梅和韩国河东的传统茶，均来自中国；日本大分的香菇种植始祖在浙江庆元，今天佐渡岛的朱鹮更是来自于陕西洋县。而我国的相关项目尚未申报全球重要农业文化遗产，有些甚至尚未被列入中国重要农业文化遗产。

发掘、保护、利用、传承农业文化遗产，也关乎国家的文化自信。我们现在谈农业可持续发展，其中一些低碳循环的农业发展模式，如稻鱼共生、桑基鱼塘、稻作梯田、农林复合等，很多都可以从农业文化遗产地里找到。发展现代农业，不仅需要现代农业生产技术和现代经营管理技术，还需要汲取传统农业中的智慧。农业文化遗产的发掘与保护，对于解决当前全世界农业面临的一些问题都有重要价值，这已经得到了国际广泛认识。

联合国粮农组织有一句口号："农业文化遗产不是关于过去的、而是关乎人类未来的遗产。"我国最近 10 多年的工作表明：发掘、保护农业文化遗产有助于推进农业国际合作，向世界传播"中国经验"；有助于拓展农业功能，真正实现三次产业融合发展；有助于提高农业生产综合效益，实现农民就业增收和脱贫致富；有助于保护农村生态环境，让农村真正成为安居乐业的美丽家园。

农业文化遗产地具有重要的生态保护与文化传承功能，期待国家能够将重要农业文化遗产纳入自然遗产与文化遗产保护的范围，在政策上相对倾斜，在资源上进行整合，尽快建立农业文化遗产保护专项。同时，进一步完善农业文化遗产保护的立法，出台更高级别的法律法规，以此来推进农业文化遗产保护工作规范化、可持续地进行。

农业文化遗产：生态农业发展的新契机 ①

中国农业发展拥有独特的自然条件和丰富的传统经验。独特的自然条件为发展特色农业模式提供了基础，丰富的传统经验中蕴含着值得今天借鉴的生态保护与可持续发展思想。随着当前建立在以消耗大量资源和能源基础上的常规农业造成了一些严重的弊端，并引发了一系列具有全球特点的生态与环境问题。而与之对应的是一些传统地区的传统农耕方式在适应气候变化、供给生态系统服务、保护环境等方面却展现出独特的优势，人类逐渐认识到保护这些传统的农业技术以及重要的生物资源和独具特色的农业景观的重要性。为此，2002 年联合国粮农组织（FAO）发起了"全球重要农业文化遗产"（Globally Important Agricultural Heritage Systems，GIAHS）保护倡议，旨在建立全球重要农业文化遗产及其有关的景观、生物多样性、知识和文化保护体系，并在世界范围内得到认可与保护，为当前农业的可持续发展提供物质基础和技术支撑。

1 中国生态农业发展的简要回顾

中国自古就有保护自然的优良传统，并在长期的农业实践中积累了朴素而丰富的经验。然而把这种朴素的经验上升到科学和理论的高度，却是现代的事。20世纪 80 年代初，随着一些现代化农业的弊端开始显现，很多专家对农业生产只重视粮食生产、乱垦滥开的现象提出了批评，同时以马世骏院士为代表的学者指出，要以生态平衡、生态系统的概念与观点来指导农业的研究与实践。1981 年，马世骏先生在全国农业生态工程学术讨论会上提出了"整体、协调、循环、再生"的生态工程建设原理。1982 年，叶谦吉教授在全国农业生态经济学术讨论会上发表《生态农业——我国农业的一次绿色革命》一文，正式提出了中国的

---

① 本文作者为李文华、刘某承、闵庆文，原刊于《中国生态农业学报》2012 年 20 卷 6 期 663–667 页，文字有删减并略去参考文献。

"生态农业"这一术语。

随后，1982 年至 1986 年的 5 个中央"一号文件"都强调根据我国人多地少底子薄的国情，提出农业要"走充分发挥我国传统农业技术优点的同时，广泛借助现代科学技术成果，走投资省、耗能低、效益高和有利于保护生态环境的道路。"在这些思想的指导下，一部分高等农业院校和科研单位以及一些县，开始了生态农业的探索。在近 10 年的较大规模的试点后，1993 年由农业部等 7 部委组成了"全国生态农业县建设领导小组"，重点部署 51 个县开展县域生态农业建设，从其分布的区域和生态类型的代表性看，也是具有推广意义的。这一时期，中国学者在广泛的生态农业实践中，总结出带有普遍性的经验，并把它上升到理性认识，初步形成了中国的生态农业理论。

2003 年中央"一号文件"再次回归农业，至 2010 年连续出台了 6 个指导"三农"工作的中央"一号文件"，关注农村、关心农民、支持农业，其中 4 份"一号文件"均明确提出"要鼓励发展循环农业、生态农业""提高农业可持续发展能力"。中国生态农业在经历了约 30 年的发展后，积累了丰富的正反两方面的经验和教训，不断整合、深化和扬弃，进一步与农村发展、农民致富和农村城镇化相结合，农业产业化、农产品无公害化已经成为中国生态农业的重点趋向；农业生态系统服务功能与生态补偿研究逐渐活跃起来，生态观光农业也成为生态农业中新的亮点。

但也应当看到，中国的生态农业发展进入了一个"瓶颈"期。首先，当前的生态农业还是以通过物质循环和能量多级利用追求产出为主，对农业的多种生态环境服务功能没有给予充分的重视；其次，以种植业为核心的基本格局对与包括工业、服务业在内的其他部门之间的联系重视不够，传统的自给自足的小农经济，缺乏市场化的引导、规模经营、专业化生产和品牌化推广，很难获取显著的经济收益；第三，理论研究落后于实践，往往只重视模式的物种结构搭配与组装，而不太重视模式结构组分之间适宜的比例参数、各个环节的关键配套技术；最后，农业管理标准化整体还处于较低水平，标准不完善、可操作性差，甚至出现矛盾的现象时有发生。

2 农业文化遗产保护为新时期生态农业发展注入了新的活力

中国是世界农业的重要起源地之一。长期以来，中国劳动人民在农业生产活动中，为了适应不同的自然条件，创造了至今仍有重要价值的农业技术与知识体系。这些灿烂的农业文化遗产不仅体现了中国的传统哲学思想，同时也对全球可持续农业产生积极影响。在中国生态农业发展进入瓶颈期的时候，人们开始从农业发展的政策、模式及技术方面进行反思，重视对传统农业价值的挖掘，以期为现代高效生态农业的发展注入新的活力。

2005 年，"青田稻鱼共生系统"被联合国粮农组织（FAO）列为首批全球重要农业文化遗产（GIAHS）保护试点，标志着新时期农业文化遗产研究与保护实践探索的新起点。截至 2011 年年底，全球共有 16 个 GIAHS 保护试点，其中 4 个在中国。除了青田稻鱼共生系统以外，还有云南红河哈尼稻作梯田系统、江西万年稻作文化系统、贵州从江侗乡稻鱼鸭系统。显然，与以往的基于考古研究和农史研究为重点的农业遗产相比，这里的农业文化遗产更强调人与环境共荣共存、可持续发展，蕴含着深厚的生态哲学理念、有效的农业种养殖技术以及巨大的可持续发展潜力，将为现代高效生态农业的发展提供理论基础、实践技术与平台建设。

2012 年 3 月 13 日，农业部正式发文在全国范围内评选"中国重要农业文化遗产"，这一方面有助于与联合国粮农组织推动的全球重要农业文化遗产相衔接，促进农业功能拓展，更为重要的是，将极大地推动新形势下生态农业的发展和落实中共中央十七届六中全会精神与促进农村生态文明建设。

农业文化遗产主要体现的是人类长期的生产、生活与大自然所达成的一种和谐与平衡的农业，农业文化遗产的保护不仅为现代高效生态农业的发展保留了杰出的农业景观，维持了可恢复的生态系统，传承了高价值的传统知识和文化形式，同时也保存了具有全球重要意义的农业生物多样性。

首先，农业文化遗产不仅包括一般意义上的农业文化和知识技术，还包括那些历史悠久、结构合理的传统农业景观和系统，是一类典型的社会—经济—自然复合生态系统，体现了自然遗产、文化遗产、文化景观、非物质文化遗产的综合特点。

其次，农业文化遗产"不是关于过去的遗产，而是关乎人类未来的遗产"。农业文化遗产所包含的农业生物多样性及传统农业知识、技术和农业景观一旦消失，其独特的、具有重要意义的环境和文化效益也将随之永远消失。

最后，农业文化遗产保护强调农业生态系统适应极端条件的可持续性，多功能服务维持社区居民生计安全的可持续性，传统文化维持社区和谐发展的可持续性。因此，保护农业文化遗产不仅仅是保护一种传统，更重要的是为农业的可持续发展保留一种机遇。

3　面向多功能的现代高效生态农业发展思考

中国农业具有较强的自然和社会经济地域性特征，几千年的农业发展形成了丰富多样、形形色色的农业区域，既表现了自然界的多样性，同时又为文化的多样性奠定了自然基础，赋予了农业更为广阔和丰富的内涵，促使生态农业的功能在现代社会向多样化方向发展。基于对中国生态农业发展及其特点的分析，我们认为，现代高效生态农业发展的一个重要方面是农业功能的拓展，而农业文化遗产保护基础上的生产功能、文化功能和生态功能拓展为其中非常重要的方面。

（1）生产功能拓展与现代高效生态农业发展

保持人均粮食占有量及相应的农副产品产量是农业发展的首要目标。中国传统农业生产一直注重采取不同农业生产工艺流程间的横向耦合，如稻鱼共生、北方"四位一体"模式、南方"猪沼果"模式等都是生产多种产品，提高产品产量。针对一些小规模生产模式的调查明，其净收入往往高于现代常规农业。另外，在解决农业生产中的产品质量问题方面，中国农业文化遗产也蕴含着的丰富经验，在源头尽量降低化肥、农药、畜禽粪便等污染土壤和水的可能性，变污染负效益为资源正效益。

但随着市场经济发展，由于生产规模小、分散化程度高，生产方式和技术不能适应市场多样化要求等，小农经济与大市场间的矛盾日益突出，规模化和产业化成为生态农业生产功能的重要内容和发展趋势。

（2）生态功能拓展与现代高效生态农业发展

由于自然条件和人类活动的影响，农业文化遗产地多具有生态环境脆弱、民族文化丰富、经济发展落后等特点，促使农业不仅肩负生产发展的任务，还须在生产中保持与自然环境和谐相处，维护生态平衡。环境压力的胁迫促使人们通过在生态关系调整、系统结构功能整合等方面的微妙设计，利用各个组分的互利共生关系，提高资源利用效率，提高农作物的抗性和品质，控制农业有害生物，提高土壤肥力，并减少温室气体排放。如稻鱼共生系统中，鱼类的活动搅动了土壤，同时杂草和浮游生物的呼吸作用减弱，从而减少了稻田甲烷（CH_4）的排放量；鱼的排泄物中含有氮、磷等营养元素，减少了氮肥和磷肥的使用；对三化螟、纵卷虫、稻飞虱、稻叶蝉等害虫有较好的防治作用，减少了农药的使用。

生态功能型农业发展的途径可以概括为三类：一是生态质量附加值产品开

发，如优质有机农产品等。我国是传统的有机农业国家，生产绿色食品具有广泛的群众基础，加之我国区类众多，农产品种类多样，具有形成区域特色的有机食品生产的客观基础。

二是休闲功能开发，如生态型观光休闲农业等。生态观光旅游是未来生态系统与社会、人文需求相结合的一个切入点，是生态系统服务功能的体现。中国是农业大国，农业自然资源丰富多彩，人文资源各具特色，具有较大的农业旅游业开发潜力。积极开发生态农业旅游，可促进我国高产、优质、高效农业和无污染绿色农业的发展，给农村增加就业渠道。

三是生态补偿。与其他生态系统服务一样，生态农业耕作方式下的农田生态系统的生态功能也存在外部性的特点，在以往的经济核算框架下这些成本或效益没有得到很好的体现，从而错误地低估了生态农业耕作方式的综合效益，可以通过生态补偿激励社会效益大的行为方式，实现生态效益和经济效益的共赢。

（3）文化功能拓展与现代高效生态农业发展

中国的农业文明在上万年的历史发展过程得到了延续。区域性的农产品大多都有一定的文化、历史、地理和人文背景与内涵，富有区域特色和民族文化，合理利用这些资源能有效地发展地方经济，继承与传播文化遗产，对弘扬优厚传统文化，增强民族自信心和文化自豪感等具有非常重要的作用。中国农业文化遗产的保护重视保护文化的多样性，对传统知识的传承以及提供教育、审美和休闲作用，为现代高效生态农业的文化产业发展提供了基础。

文化功能型农业发展的途径可以概括为两类：一是文化休闲功能开发，如农业文化遗产地旅游等，为当地农业经济发展提供了新的增长点。作为一种新型的旅游资源，农业文化遗产具有活态性、复合性、动态性、脆弱性、原真性、独特性等特点。而农业文化遗产地除了农业生产要素之外，还有其他诸如山水景观、民俗、歌舞、手工艺等资源，既有物质形态，也有非物质形态，共同组合成丰富的旅游资源，受到了很多旅游者的青睐。但同时农业文化遗产地的旅游开发是一把双刃剑。遗产地文化传承中存在工具理性、传统与现代的背离、文化传承的代际失衡等问题。因此，要推进遗产地旅游开发中文化传承的"工具理性"与"价值理性"的融合，使遗产地文化得以正常传承和发展。

二是文化附加值产品开发，把农产品和地域文化、地理和历史实现有效的嫁接，通过"科学商标""历史商标""人文商标""地域商标"和"文化商标"等，赋予农产品丰富的文化内涵，能够产生巨大的经济效益和社会效益，不仅在地方经济发展中发挥很大作用，而且对实施生态农业产业化具有重要价值。

中国的生态农业植根于中国的文化传统和长期的实践经验，传承了故有的整体、协调、循环、再生的思想，因地制宜地发展了许多宝贵的模式和经验，值得认真保护、弘扬和借鉴。那些存在了成千上万年的农业文化遗产，必有其合理的内核，值得认真挖掘、保护、研究和提高。以活态性为重要特点的农业文化遗产的挖掘与保护，为新时期现代高效生态农业的发展提供了新的契机，通过农业文化遗产价值的挖掘和农业多功能的拓展，将为生态农业发展提供新的思路。只要坚持以科学发展观为指导，融合传统精髓与新技术，不断创造和提高，中国的农业就能探索出一条具有中国自身特色的可持续发展的道路。

GIAHS：农业文明传承的载体
现代农业发展的基础 [①]

农业是人类社会最古老的生产部门，为人类的生存和发展提供了物质基础。自 300 万年前南方古猿阿法种从猿类中分离出来起，人类漫长而艰难的进化过程始终伴随着食物的获取和生产。约 1 万年前，西亚底格里斯河和幼发拉底河流域、东亚黄河流域出现了最早的动植物驯化，农业由此起步。此后，全球各地的人类先后成就了多种多样的农业文明。这些古老的文明有的已经伴随着族群的消亡而湮灭在历史的长河，而另一些则历经万年延续至今，为我们留下了丰富的物质和智慧财富，是宝贵的文化遗产。

随着现代化的加速，全球人口激增，环境污染、生态退化、气候变化、资源枯竭、食品安全、社会公平等问题凸显，农业也面临前所未有的挑战。联合国粮农组织（FAO）于 2002 年发起"全球重要农业文化遗产"（Globally Important Agricultural Heritage Systems，GIAHS）倡议可谓应运而生，其目的是建立全球重要农业文化遗产及其有关的景观、生物多样性、知识和文化保护体系，并在世界范围内得到认可与保护，使之成为可持续管理的基础。项目的实施，再次将农业文明的财富价值提升，也对农业文化遗产的保护和发展进行了有益的探索。

按照 FAO 的定义，全球重要农业文化遗产是"农村与其所处环境长期协同进化和动态适应下所形成的独特的土地利用系统和农业景观，这种系统与景观具有丰富的生物多样性，而且可以满足当地社会经济与文化发展的需要，有利于促进区域可持续发展"。

项目之初，FAO 在 6 个国家挑选了具有典型性和代表性的 5 种传统农业系统作为试点，分别是中国青田的稻鱼共生系统，菲律宾伊富高的稻作梯田系统，

---

① 本文作者为袁正、闵庆文，原刊于《中国农业大学学报（社会科学版）》2012 年 29 卷 3 期 5–15 页，有删减并略去参考文献。

秘鲁安第斯山高原农业系统，智利的智鲁岛屿农业系统和阿尔及利亚、突尼斯的绿洲农业系统。截至 2011 年年底，已在全球 11 个国家评选出具有典型性和代表性的 16 个传统农业系统作为保护试点。除前述之外，还包括中国云南红河哈尼稻作梯田系统、江西万年稻作文化系统、贵州从江侗乡稻鱼鸭系统，日本金泽能登半岛山地与沿海乡村景观、新潟佐渡岛稻田—朱鹮共生系统，印度藏红花农业系统，肯尼亚马赛草原游牧系统，坦桑尼亚马赛草原游牧系统和基哈巴农林复合系统，摩洛哥绿洲农业系统。

经过 10 年的努力，全球重要农业文化遗产已经从一个项目走向了一种理念，一种基于历史、尊重自然、关乎民生的遗产保护理念。虽然，全球重要农业文化遗产在世界范围内仍属于新生事物，但其中蕴含的多重意义和几年试点所开展的有益探索，足以引起我们对农业文明与现代农业发展更深的思考。

1　面临威胁的全球农业

17 世纪兴起的航海和贸易使全球农产品和信息交换成为必然。农业内部的分工更为明确，地理和部门间的联系也更为紧密。产业革命以后，机械化的普遍推行和化肥农药的普遍使用极大地提高了农业的生产效率，减少了人力和畜力的投入。随着工业化和城市化的迅速推进，在欧洲、北美、远东地区和大洋洲的平原地区，农场式机械化种植普遍推行。杂交水稻的出现突破了野生稻自然驯化能够带来的产量极限。通过嫁接、杂交、转基因和克隆等生物技术改良的其他动植物品种也在提高产量、改善质量和降低成本等方面有其独特的优势。农业退居成为现代社会的众多生产部门之一，社会文化也转向以机械自然观和人类中心主义价值观为指导的工业文明和商业文明。与此同时，非洲、亚洲和拉丁美洲大部分地区仍然保持着传统的农业生产方式，社会发展处于较低水平。农业仍然是这些地区主要的生计来源。

然而，现代化的过程伴随着巨大的环境与社会问题。20 世纪以来，全球范围内的人口激增、气候变化、环境污染与生态退化、资源枯竭、物种和文化消亡、食品安全、贸易壁垒、社会与区域间公平等问题日益凸显。而这些问题都或直接或间接冲击着农业生产和农业文化。

（1）气候变化

过去百年间，全球气温上升了 0.3~0.6℃。适合作物种植的地理生态环境遭到破坏，传统种养殖品种的适应性遭受巨大挑战。一些生物的物候期被强制改变，区域生态平衡遭到破坏。20世纪，海平面上升了14.4厘米，沿海地区大量优质耕地被淹没。青藏高原冰川减少10%以上，格陵兰岛表层冰盖融化面积已达97%。世界范围内，淡水资源储备面临威胁。而极端气候的频发，不仅对农业带来直接的影响，更是威胁着整个社会文明的存在和发展。

历史上众多文明的消亡都被认为与自然灾害有关，气候变化所引发的种种威胁对传统农业而言几乎是致命的。而气温的上升和降水分布的不均，使得全球干旱半干旱地区、山区等生态脆弱的区域更为敏感，遭遇重大灾害后的恢复能力也将随之减弱。无论是传统农业还是现代农业，从根本上讲都是靠天吃饭的。在一些发展中国家，为了生产足够的粮食，农业的投入有时会高于其产出，使农业成为一个经济性较差的生产部门。而人类不断的科技进步虽然弥补了地区自然条件的缺陷，增强了农业系统抵御自然灾害的能力，但也极大地提高了农业的成本。

（2）人口与农业劳动力

联合国人口基金会发布的《2011年世界人口状况报告》指出：在世界人口达到70亿的当口，全球都在面临着人口带来的挑战与机遇。目前，世界人口正面临老龄化、年轻人口增加、城市化和移民等人口学趋势。这一人口现状首先带来的就是农业的压力。

人口规模的增大要求全世界在有限的范围内生产更多的食物。在全球范围内，表征女性生育年龄可能拥有的孩子数目的生育率指标值从20世纪50年代至今下跌了近一半，从大约6.0跌至2.5，却仍高于2.1的"更替基准线"。也就是说，全球人口规模依旧处于上升趋势。而地区间人口—经济的不平衡则使发展中国家压力倍增。在一些非洲国家，生育率仍持续偏高，目前仍维持在5.0左右。而粗放型的农业根本不能满足当地的营养和粮食需求。大量的人口处于极度贫困的状态，甚至因饥饿而濒临死亡。专家预测，到2100年，非洲人口有可能增加3倍以上，从2011年的10亿人增长至36亿人。这将给全球的农业造成巨大的压力。

老龄化、城市化和移民也带来了另一个问题：成年农业劳动力的流失。据中国国家统计局统计，2011年全国农民工总量达到2.5亿人，其中外出农民工（在本乡镇地域以外从业6个月以上的农村劳动力）1.6万人。而当年统计的农村人口总数为6.6亿人，外出农民工占到约24%。外出务工主要为青壮年劳动力，16~50岁的农民工占农民工总量的85.7%。再结合中国社会整体的老龄化趋势，可以说，中国农村现有实际劳动力具有年龄偏大、数量偏少的严重问题。青壮年劳动力的流失导致农田弃耕，中国农村呈现"空巢"状态，农村社会结构极不稳定。西部地区农民工增长快于东部，农民工主要流向地级以上的大中城市。城市化和移民现象在发展中国家普遍存在。这一趋势也加剧了地区内城乡发展的不平衡。

（3）环境污染与食品安全

环境污染、资源短缺和生态破坏被称为是全球性的三大危机。这三者作用于农业，直接引发了食品安全问题。食品安全问题从量上而言关系地区的温饱，从质上说直接影响人类的健康。

环境污染主要是植物在生长过程中吸收过多的重金属及农药化肥的残留。严重的土壤污染将导致耕地质量的下降，并直接影响农作物的产量和质量。同时，农业所产生的大量面源污染，也成为一些地区水污染和空气污染的主要污染源。

截至 2010 年，我国化肥使用量达 5 561.7 万吨，单位面积使用量达 457 千克 / 公顷，超过世界平均水平的两倍，超过发达国家规定的安全值上限 282 千克 / 公顷。化肥农药被农作物吸收仅 30%，70% 散发于大气、渗入到土壤与江河湖泊和地下水体之中，使耕地质量进一步下降，并对居民及水生生物造成生存与健康威胁。过量使用化肥和农药已到极限，占世界 7% 的耕地面积却使用了占世界 30% 的氮肥。大量的农药化肥施用造成蔬菜、水果、花卉中有毒物质的残留，在损害了人类健康的同时，还影响到发展中国家农产品市场的国际市场竞争力，对传统农业地区生计安全也造成了极大的威胁。而农村生活垃圾和人畜粪便的随意丢弃不但影响了乡村的景观，并且进一步污染了土壤和水域。

发展中国家正在经历的现状正是发达国家的过往。美国、日本、欧盟较早开始了农业面源污染的治理，理论体系和技术都较为成熟。但是在亚洲、拉丁美洲和非洲的大部分地区，由于环境意识的淡薄，教育、管理及科技水平的落后等原因，这一问题未明显显现或未受到重视。

2 GIAHS: 现存的农业文明样本

约 1 万年前，分布于全球各处的人类祖先们开始进行动植物驯化，以获得更为丰富的食物，农业由此起源。若将独立完成野生动植物的驯化和栽培看作农业起源的标准，在世界范围内，大约有 11 个地区被认为是独立的农业起源的中心，分别分布在近东地区、中国、东南亚、热带南美、中美洲、北美东部和非洲中北部地区。今天全球主要的畜牧品种和种植的 150 种主要作物，几乎都是这些农业起源中心驯化完成的。也正是以这些地区为中心，农业不断进步、扩散，最终形成全球农业文明的多样性。

在中国，早在10 000年前左右的时候，就产生了原始的轮歇农业。而最早的家畜饲养至少可以推溯至7 000年以前。西亚两河流域约8 000年前已经出现了原始的刀耕火种；约6 000年前，这一地区又发展出了最早的灌溉农业。在印度，以游牧为生的雅利安人大约在5 000年前迁入恒河流域，向达罗毗荼人学习定居农业。在非洲，尼罗河的定期泛滥给两岸的土地提供了灌溉和养分。在漫长的石器时代，人类以木、石、骨器作为工具，利用居住地周围的自然条件与野生动植物创造了原始农业。

铁器的出现和应用提高了生产力的水平，农业由原始农业转向了传统农业。直到产业革命完成，农业长期占据着世界经济、文化的主导地位。全球各个地区的古老文明，都与农业的发展直接相关——城邦的出现，宗教的兴盛与技术的创新最初都是基于农业的文明衍生物。

传统农业社会是一种自给自足的封闭社会。即便在人类早期文化中贸易便普遍存在，经济文化圈也通常受到交通的限制而具有明显的地域特征。地区之间的文化、技术和信息交流主要依靠个别人以宗教、政治和探险为目的的远行。文明的进化较为独立，发展阶段也存在着巨大的差异。

农业的地理分区也在这一时期基本形成。人类为适应不同的区位条件，在有限的自然资源下获得更多的产品，创造了各种各样的农业模式。在土地肥沃、气候适宜的亚洲和美洲，种植业得到了长足的发展；而在南北回归线附近的干旱地带、高纬的北美和欧洲地区、高原和高山地带，畜牧业则成为主要的生计方式；滨海地区和内陆湖泊与大河沿岸，水产品（主要是鱼）的捕捞和养殖是农业的主要形式。

种植业的发展伴随着种植品种的改良与多样化，耕作技术的提高，以及以农耕为基础的社会组织形式和社会文化的不断进步。在东亚和东南亚，农民对土地实行精耕细作。水稻是中国南方、东南亚、朝鲜、日本等国家的主要种植作物，也是全球最重要的粮食作物之一。中国北方则发展了以黍、粟等作物为主的旱作农业。深犁、细耕、间套种、轮作及农牧结合等传统农业耕作技术不仅保持了土地的肥力，降低了病虫害发生的概率，也使单位土地面积的产品种类与数量都得到了提高。为适应不同的地表景观，人们创造出梯田、区田、圃田、圩田、架田、柜田、涂田等不同形式的田制，充分利用了自然水源。

在西亚和中亚，绿洲是人类主要的栖息地，也是农业的主要形式。椰枣树是西亚的代表性植物，而中亚地区主要种植小麦和棉花。多种形式的灌溉技术缓解了内陆地区的降水短缺，使水资源更为高效地得到利用。在欧洲，贫瘠的土地通过分区轮作和建立果园也带来了足以维系生计的收获。葡萄酒和橄榄油逐步走上了人们的餐桌，也开启了欧洲的农产品贸易。在中南美洲，薯类的种植历史悠久，种类繁多，是这一地区主要的粮食产品。甘蔗、橡胶、咖啡和香蕉等热带作物也得到大规模的种植。

畜牧业和渔业在这一时期仍然主要是以粗放的自然放养和捕猎为主，技术上以良种的遴选为主。人类依靠自然生态条件，按照时令节律放养和猎捕动物。而在种植业比较发达的地区，农牧结合是农民的普遍选择，规模化的集中饲养也开始出现。水产品的人工养殖在沿海和内陆湖泊河网地区起源较早，后发展出鱼塘养殖、稻田养殖等多种模式。

伴随着农业的发展，人类对自然的认知也不断加深。作为人类最古老的产业部门，农业是人工选择的自然进化和科技的结合。今天，农业仍在全球范围内发挥着其强大的生产功能，供给着全球 70 亿人的温饱。历史是记忆，是文献，是遗存，是那些已经故去的人和事。而那些在一段鲜活的历史结束后，给后人留下的有形和无形的财富（或债务），通常被我们称之为"遗产"。

但是农业文化遗产不同。它不是故事的遗存，而是故事的延续。农业文化遗产包含了比一般农业历史和农业考古更为丰富的内涵。它是农业历史的活态存在，更是一种土地利用系统、农业景观、生物多样性以及传统文化知识。它具有活态性、动态性、适应性、复合性、战略性、多功能性、可持续性和濒危性等多重特征。从农业起源至今的农业历史都能从农业文化遗产中找到踪迹。目前GIAHS 所选取的试点，广泛分布在亚洲、非洲和南美洲各农业起源中心或其周边地区，都是农业历史最为悠久、技术最为成熟、文化积淀最为沉厚的系统，是农业文明的样本。

3 GIAHS：现代农业发展的基础

历史总是留给人们无限的经验和财富。今天，成为全球重要农业文化遗产保护试点的各个农业系统正是全球农业实践的代表。每一个试点地选取土地利用系统、景观、种质资源或农业技术中的一项或几项为主体，兼顾其他。GIAHS 试点往往具有较为明显的农业多功能性，它们利用对生物多样性的保护、传统农业技术的推广、农民生计方式的开发、传统知识和本土智慧的应用提供了应对复杂环境与变化的多种可能。当我们反思现代化给农业带来的重重灾难时，在GIAHS 中寻找解决的方案，不失为一个较好的选择。

（1）GIAHS 特别强调农业生物多样性的保护

GIAHS 项目以《生物多样性公约》《世界遗产公约》《关于食物和农业植物遗传资源的国际条约》《食物和农业植物遗传资源的保护与可持续利用的全球行动计划》等国际条约为基础，在其设立之初就着重强调了对于生物多样性的保护。GIAHS 所选择的这些试点中，系统内农业生物多样性涵盖了不同地区的多种粮食作物、经济作物、香料和药材，几乎所有的养殖业类别以及少量渔业品种，而相关的生物多样性则因地理和气候的差异差别显著。

在 GIAHS 所保护的每一个试点中，生物多样性都是其重要的内容。GIAHS 所保护的生物多样性包括农业物种的遗传多样性、物种的多样性以及农业生态系统相关的生物多样性。对生物多样性的保护，为品种的改良和提高农业生态系统的稳定性提供了可能。在拥有 70 亿人口的今天，提高单位面积作物的产量，作物的抗性以及充实农田的产品多样性，能够为社区的自足和全球粮食安全提供保障。

亚洲稻作历史悠久，稻米品种多样性丰富。传统稻作品种和野生稻种是真正的水稻基因库，不仅丰富了水稻的多样性，且存在一定的遗传优势。我国江西省万年县仙人洞与吊桶环遗址内的 10 000 年前的稻作遗存，经植物考古学家研究认为兼具野、籼、粳稻特征，是一种由野生稻向栽培稻演化的古栽培类型，邻近的东乡野生稻即为其祖型。至今仍生长于万年县的"贡谷"，其形态接近野生稻，可能是古人不断从生产实践中逐渐选育而成，是带有显著野生稻特性的原始栽培稻品种。这种传统稻作品种经过长期的自然和人工选择，携带有良好的基因，在营养、口感、环境适应性或极端气候的抗性以及病虫害抗性上的表现更好。

南美洲是马铃薯的发源地，在智利和秘鲁的试点中，丰富的马铃薯多样性使这一作物能够适应世界各地的不同地理和气候环境而广泛传播。马铃薯遗传资源多样性的保护是其保护的重点，同时，也正是通过这种多样性的种植，提高了当地农业社区的生计多样性和环境适应性。这是遗传资源保护的典型案例。种质资源的潜在价值往往高于其实际价值。为适应全球变化的趋势，人类需要更多的可能性来帮助我们形成对于未来危机的应对机制。

在中国云南哈尼稻作梯田系统中有水稻品种 195 个，现存的地方水稻品种有 48 种。梯田内有天然生长的各种鱼类、螺蛳、黄鳝、泥鳅、虾、江鳅、石蚌、蟹等水生动物，以及浮萍、莲藕等水生植物；梯田的田埂上，天然生长有水芹菜、车前草、鱼腥草等野生草本植物；哈尼族还在梯田内放养鸭和各种鱼类，包括鲤鱼、鲢鱼、鲫鱼等，并在田埂上种植黄豆。另外，这一地区梯田系统中及其附近动植物资源极为丰富，有野生种子植物 5 667 种，其中裸子植物 29 种，被子植物 5 648 种；野生动物 689 种，其中兽类 112 种，10 个亚种，两栖类 56 种，爬行类 71 种。当地居民充分利用这些种养殖及野生的动植物，获得丰富的食物、药物、燃料等生活必需品以及手工业原料，形成哈尼人生计的基础。同时，丰富的生物多样性维护了自然界的生态平衡，并为人类的生存提供了良好的环境条件。GIAHS 的保护不仅仅包括了农业系统中主体的生物多样性，而且将生态系统作为一个整体，强调农业系统及其周边协同进化的环境内的生物多样性保护。

（2）GIAHS 中蕴含着丰富的传统知识

GIAHS 试点还蕴含着许多先进的农业技术。比如亚洲的稻鱼、稻鱼鸭共作模式和绿洲农业灌溉与轮作技术、传统的放牧和天然牧场保护理念等。

传统稻作农业发展出许多稻田生态农业技术，其中以稻田养鱼、稻（鱼）鸭共作最具代表性。与单一稻作相比，这些复合的稻作系统能够获得较好的环境效益与经济效益，尤其在增加生物多样性与病虫害防治上优势明显。稻鱼和稻（鱼）鸭系统中，田鱼和鸭子在田间的自由活动以昆虫和浮游植物为食，减少了虫害的发生。动物的粪便是水稻的天然肥料，复合种养模式能够降低水稻对化肥的依赖。鱼、鸭的活动会在中耕阶段将水搅浑，更是使得养分能够逐渐深入土中，保证了水稻植株更好的营养吸收。通过不断撞击禾苗的无效分蘖，改善禾苗个体发育，提高了稻米的产量。动物的活动还改善了稻田通风透光条件，恶化了病虫滋生环境，因而提高了系统对病虫害的抗性。这种稻田生态技术极为有效地降低了化肥和农药的使用量。与水稻单作相比，稻田养鱼还可能抑制了稻田的甲烷排放。在全球主要的水稻种植地区，农民选择适合地区小气候和习惯的鱼类在稻田中饲养，这在我国南方稻区、日本水稻种植区、湄公河三角洲地区以及巴基斯坦、印度、孟加拉国等国家和地区的现代稻作农业中得到了普遍应用。

灌溉技术的产生和发展为旱作农业的稳定和高产提供了帮助。现代化的灌溉使用机械（主要是水泵）取水，需要依靠电力和较为充足的水源。GIAHS 中所提及的各个系统则完全是依赖传统知识，对水资源进行管理、分配和利用。例如阿尔及利亚埃尔韦德绿洲农业系统是在一个非常干旱的沙漠地区，人们通过挖出一个盆型的坑来汇集地下的浅水，种植棕榈等作物。对于盆的大小和形式，根据功能的不同，要做不同的调整。这一切都是依据传统知识和经验完成的。盆坑形成自灌系统，不需要任何能源支持。而梯田系统可以通过传统的水沟管理和分水的方式合理分配水资源，使村庄和农田都能够获得充足的水源。

轮作是全球较为普遍的种植技术之一，通过对不同种植品种的轮作能够达到土地的高效利用，同时也有助于更好地养护土地。

（3）GIAHS 的目的是文化自觉

农民工进城了，农村空了，怎么办？这个问题其实很好解决，也很难解决。说它好解决是因为人类的本性便是安土重迁，若非被迫或利益的驱使没有哪一个民族愿意离开他世居的土地。而乡村社会基于人情的有机联结的社会结构，对社区内部的成员有着更强的吸引力。费孝通先生也曾说过：地缘不过是血缘的投影，不相分离的。并且，城市化的过程也并非只有农民向城镇迁移一途才可以完成。发展农业社区，直接完成乡村—城市的转变，不仅能够避免人口的迁徙，也对传统农业社区的保护有着十分积极的意义。

社区发展的基础是提高农民的素质和收入，保障其生计的稳定性。但是参与者需要包括所有的利益相关方。GIAHS 倡议就是鼓励各国政府、社区、非政府组织（NGO）及其他相关机构，通过各种方式提高农民的收入，提升他们的文化素质，开展生态旅游，发展非农就业，提升传统农业社区的文化自觉。这样，让农民在不改变原有生活方式，不离开原住地的条件下，完成了单纯依靠农业的不稳定的生计方式向生计多样化转变。

农业仍然是社区的基础。但是在此之上，衍生出了旅游业、服务业、农产品加工业、零售业等一些新的行业部门。事实上，传统的农业社区的社会文化，包括其以血缘为基础的社会结构、宗教信仰、乡规民约，还有服饰、饮食、建筑、艺术、语言文字等，都是基于农业智慧的产物。而这些文化现象背后的情感维系则是一个群体的认同。当农民的家庭收入有所提升，对于农田的认识和情感也会更为深刻，认同感也就日益加强。最终会形成文化自觉，自尊和自信也将得到提升。社区建设可以成为以村民行为为主体，各利益相关方广泛参与的发展模式。

但是，这里却又不得不提出另一个相关的问题，就是年轻一代的选择。根据《2011 年全球人口发展报告》里的结论，全球人口近半数年龄在 24 岁以下。青年一代正在逐步占据世界的主导，他们的选择对于社区未来的发展方向至关重要。虽然，文化的濡化和涵化是同时进行的，但在信息社会中主流文化的渗透明显要好于传统文化的代际传承。

在红河哈尼稻作梯田系统内做的一个小调查显示，青年传统社区中对传统知识的认知程度、活动参与度和学习意愿均低于中、老年群体。年轻一代人更容易也更愿意接受"现代化的城市生活"。这可能会带来传统农业社区的转变：当传统的意义不再，社会规范的生产难以延续，进而造成失范。而原有的范式则正是包含在传统农业系统中的文化规则。这是应当避免的，如果避免不了，传统农业社区将面临解体的危机。

4 GIAHS：保护是为了更好的发展

如前所述，GIAHS 不是故去的历史，而是活态的现实。它有着传统的农业实践模式。这些传统的东西有很多是具有生态合理性和科学性的，是能够借鉴到现代农业中来的。但也有其落后和脆弱的地方。我们提出 GIAHS 的保护，正是因为它们正在面临着一系列的威胁和挑战。这些威胁和挑战首先就来自现代化，这是外力。另外，系统本身的一些问题在发展的过程中也会显现出来，比如封闭带来的信息不畅和贫困，形成威胁系统的内因。因此，这些系统也是亟待进行保护的。

对于遗产的保护，欧盟等发达地区及相关机构起步较早，总结出了一些可供分享的经验。鉴于 GIAHS 的历史性、活态性与濒危性三重特点，在项目执行之初，联合国粮农组织（FAO）就指出，GIAHS 的保护是一种多方参与的动态保护。因此，对农业文化遗产的保护应当是基于发展的保护。既不是将一个农业系统死死地限定在其现有的发展模式与发展阶段之中，也不是保护农村社区原始落后的社会发展状态，而是针对某一地区所具有的特殊自然与社会文化景观，通过政府、专家、社区的参与，做出合理的开发。

在 2011 年 6 月于北京举行的"全球重要农业文化遗产国际论坛"上，由 GIAHS 项目指导委员会起草并通过的《GIAHS 北京宣言》再次强调了这一点。

《GIAHS 北京宣言》还呼吁各试点国代表应当帮助国家实现国际承诺，比如在农业的生物多样性保护，包括基因资源的保护，包括实现千年发展目标，包括在名古屋通过的生物多样性保护战略，同时提供了气候变化，以及能源安全，金融危机状况下的粮食生产和粮食安全。通过动态的农业生物多样性保护，保护传统的知识和社区。让当地社区在 GIAHS 中发挥更重要的作用，参与到决策之中，从整个体系中受益。国家政府及项目实施单位应当设计实现当地社区能从

GIAHS 项目地获益的机制。各国政府应当跟国际机构共同合作，在机构间建立伙伴关系，支持倡议的实施等。

中国是农业大国，农业文明深远博大。中国的农业介于传统与现代化之间，是一种人与自然的沟通。中国是最早一批参与到 GIAHS 项目的国家，在 GIAHS 项目执行的过程中，中国一直走在世界前列。在现有的 16 个 GIAHS 试点中，就有 4 个来自中国。和全球其他试点地一样，中国的农业与农业文化遗产也面临着来自气候变化和社会变迁的双重挑战，而通过中国政府、试点地方政府、中国的农民以及科研组织、NGO、企业等共同努力，正在试图消除传统农业的不良影响，将传统农业中的精华发扬光大，实现地区的动态保护与可持续发展。

青田即为中国的第一个成功案例。浙江省青田县龙现村是一个传统的稻田养鱼的村子。在这个村子 461 公顷的土地上，有 60 公顷实行了稻田养鱼，占总面积的 12.9%。然而，像许多其他传统农业一样，青田的稻田养鱼正面临威胁。这些威胁来自高速经济增长的影响、城市化和现代农业技术。龙现村是典型的移民村，村里多数劳动力已经移居国外。当地的统计数字显示，超过 650 个村民现在国外居住和工作，大多数的村民依靠这些海外华侨的汇款生活。事实上，龙现村的农业收入还不到其全部收入的十分之一。村里青壮年劳动力的数量逐年下降。

2005 年，"青田稻鱼共生系统"成为 GIAHS 保护试点。它不仅包括农业耕作的经验和工具，也包括与农业紧密相关的节庆、饮食等文化习俗。与稻鱼有关的一切都被打上了遗产的记号。

中国青田试点得到了联合国粮农组织（FAO）、全球环境基金（GEF）、中国农业部的支持，中国科学院地理科学与资源研究所自然与文化遗产研究中心（CNACH）提供技术支持，青田县政府负责具体实施。建立了县乡村不同级别的 GIAHS 保护办公室，负责项目的实施和协助协调不同利益相关者之间的沟通；通过了《青田稻鱼共生农业文化遗产保护条例》，编制了《青田稻鱼共生农业文化遗产保护规划》和《青田稻鱼共生博物园建设规划》；编写了稻田养鱼生产技术标准，组织龙现村和周边村庄的稻田养鱼技术标准培训；发展了"渔家乐"等多种形式的休闲农业和乡村旅游活动，拓展了农业功能，提高了农民收入；着力宣传稻鱼文化，利用节日组织与稻鱼相关的表演和烹饪比赛等活动；加强基础设施建设，改善了试点地方的环境卫生与交通条件；建立了多部门联合共建的"稻鱼共生农业文化遗产研究中心"，从生态、农业、历史、文化、经济等多角度开展研究。

　　由于这一项目的实施，龙现村稻田养鱼面积保持了稳定。而在青田县，稻鱼共生系统的覆盖面积增加了 666.67 万公顷，田鱼的价格从 16 元 / 千克上升到 30 元 / 千克。2005 年以来，稻鱼共生系统生产的大米价格比单作的稻田高出 60% 以上。越来越多的人认识到了 GIAHS 和稻鱼共生系统的重要性，从而产生一种自豪，一种文化自觉，开始自发地保护他们的文化。

　　农民的故事到这里告一段落，但人与土地的交流还在继续，农业文明的智慧正在加速流转于全球。而今，由农业部组织的中国重要农业文化遗产遴选工作已经展开。农业文化遗产正悄然进入普通民众的视野，并得到了广泛的关注，但是 GIAHS 的保护和可持续发展还有很多的问题有待探讨和解决，需要我们做出更多的探索与努力。

以农业文化遗产推动山区发展 [①]

自 2003 年开始，每年的 12 月 11 日为"国际山岳日"，今年（2018 年）的活动主题为"山区很重要"。

山区很重要，因为它是我们许多人的"家园"。在我们人类所寄居的地球，陆地仅占地球表面积的 29%，而山区地带就占了陆地面积的 1/6 左右。全世界有 10% 的人口居住在山区，另外还有 40% 的人口居住在邻近山区的地带。也就是说，世界上有一半左右的人口直接或间接地依赖于山区生活。

山区很重要，还因为它为我们提供了难以估量的生态系统服务。除了我们所熟知的矿产资源、水能资源、森林资源、草场资源等以外，山区还因为"庇护"了地球 25% 的陆地生物而成为生物多样性的"宝库"，因为为我们提供了 60%~80% 的淡水资源而成为地球的"水塔"，因为汇集了不同的语言、种族、宗教和信仰而成为文化多样性最为丰富的地区，因为美丽的景观和良好的环境而成为重要的旅游目的地。

山区很重要，更因为山区生态系统很脆弱，生活在山区的人们普遍较为贫困。正如 2017 年的主题所表达的那样，"重压之下的山区：气候变化，饥荒盛行，山民外迁"。山区是气候变化的敏感区域，气候变化及其所导致的气象灾害对山区的影响更为显著。在发展中国家，山区大多数人生活在贫困线以下，其中有三分之一面临粮食不安全的威胁。在我国，列入国家重点生态功能区的 676 个县市区大部分位于山区。《中国农村扶贫开发纲要（2011—2020 年）》将集中连片特殊困难地区作为扶贫攻坚主战场，大多数也位于山区：六盘山区、秦巴山区、武陵山区、乌蒙山区、滇桂黔石漠化区、滇西边境山区、大兴安岭南麓山区、燕山—太行山区、吕梁山区、大别山区、罗霄山区等等。

从农业文化遗产的视角来看，山区则因为其丰富的（农业）生物多样性、重

[①] 本文作者为闵庆文、丁陆彬，原刊于《农民日报》2018 年 12 月 12 日第 3 版。

要的生态系统服务功能、完善的传统知识与技术体系、深厚的乡村文化、优美的山地生态与文化景观，而成为农业文化遗产的"宝藏"。截至目前，联合国粮农组织所认定的 54 项全球重要农业文化遗产（截至 2019 年 3 月底，共有 57 项——作者注）中，有三分之二以上位于山区。比如我国浙江青田稻鱼共生系统、云南红河哈尼稻作梯田系统、南方山地稻作梯田系统、贵州从江侗乡稻鱼鸭系统、云南普洱古茶园与茶文化系统、浙江绍兴会稽山古香榧群、福建福州茉莉花与茶文化系统、甘肃迭部扎尕那农林牧复合系统等，以及秘鲁安第斯山高原农业系统，菲律宾依富高稻作梯田系统、日本金泽能登半岛山地与沿海乡村景观、新潟佐渡岛稻田—朱鹮共生系统、和歌山梅子种植系统、宫崎高千穗—椎叶山地农林复合系统，韩国青山岛板石梯田农作系统、锦山传统人参种植系统、河东传统茶文化系统，坦桑尼亚基哈巴农林复合系统，摩洛哥阿特拉斯山脉绿洲农业系统，意大利阿西西—斯波莱托陡坡橄榄种植系统等，都是山岳型农业文化遗产的典型代表。

山岳型农业文化遗产是山区世代居民适应脆弱生态环境的知识、经验和能力的集成，蕴含着丰富的生物、技术与文化"基因"，这些弥足珍贵的遗产，是"绿水青山就是金山银山"的具体体现，是山区可持续发展的资源基础。

我国山岳型农业文化遗产地的保护与发展，是对山区可持续发展的有益探索。利用优良的生态环境、独特的乡土品种、优美的山村景观、奇特的地质地貌，以及地域特色鲜明的生产方式和生活方式，逐步形成了以农业生产为基础，农产品加工业、食品加工业、文化创意产业、休闲农业与乡村旅游、生物资源产业等多业融合发展的良好局面，开发出一批"有文化内涵的生态农产品"、功能性食品、文化产品、旅游产品，实现了资源管理、生态保育、文化传承与经济社会可持续发展的统一。这种发展方式正体现了 2015 年和 2016 年宣传主题：强化山地文化，宣传山区产品。

浙江青田是一个典型的山区县，"九山半水半分田"是对其最形象的概括。具有 1 200 多年历史的青田稻鱼共生系统，被联合国粮农组织列为中国第一个、世界上第一批全球重要农业文化遗产保护试点。肩负着"关注此唯一入选世界农业遗产项目，勿使其失传"的重托，青田县遵循"在发掘中保护，在利用中传承"的原则，充分利用独特的生态与文化资源优势，积极发展多功能农业，探索农业增效、农民增收方式，为世界农业文化遗产的动态保护做出了有益的探索。如今，青田田鱼已成为国家地理标志产品，稻鱼米被推荐为世界地理信息产业大会指定用米，小舟山、龙现等地成为美丽乡村建设和乡村旅游发展的示范点。

　　过去 10 多年我国山岳型农业文化遗产发掘、保护与利用的经验证明，通过系统发掘农业文化遗产，有助于人们对山区生态、文化与经济资源的更好认识和提高山区人民的文化自信；通过有效保护农业文化遗产，有助于保护山区绿水青山的宝贵资源，促进山区生态、文化与经济社会的可持续发展；通过科学利用农业文化遗产，有助于实现绿水青山向金山银山的转化，持续促进山区农业农村的可持续发展。

　　山区很重要，需要我们给予特别关注；山区很脆弱，需要我们特别呵护；山区要发展，需要我们探索新路径。发掘、保护、利用、传承农业文化遗产，无疑是一条重要的"新"路径。因为联合国粮农组织发起全球重要农业文化遗产倡议的目的，就是促进地区和全球范围内对当地农民和少数民族关于自然和环境的传统知识与管理经验的更好认识，并运用这些知识和经验来应对当代发展所面临的挑战，特别是促进可持续农业的振兴和农村发展目标的实现。

延伸阅读 ❯

国际山岳日及其历年主题

为促使国际社会重视保护山区生态系统和促进山区居民福祉，联合国于 2002 年发起了"国际山岳年"活动，并确定每年 12 月 11 日为"国际山岳日"。联合国粮农组织呼吁组成保护山岳国际联盟，以确保山区的农业和野生生物多样性。

国际山岳日历年主题为：

- 2003 年：山脉：淡水的来源；
- 2006 年：改善生活，管理好山岳生物多样性；
- 2009 年：山区灾害风险管理；
- 2010 年：山区少数民族和原住民；
- 2011 年：山地林；
- 2012 年：庆祝山地生活；
- 2013 年：山区：可持续未来的关键；
- 2015 年：宣传山区产品；
- 2018 年：山区很重要。

延伸阅读 >

保护青田稻鱼共生系统的几点经验

自 2005 年 6 月被联合国粮农组织列为首批全球重要农业文化遗产保护试点以来，在联合国粮农组织、原农业部、中科院地理资源所等各方的大力支持下，我们按照专家的建议积极保护稻鱼共生系统这个宝贵的农业文化遗产，取得了一些成效。

一是坚持政府主导，引导多方参与，着力解决好"谁来保护"的问题。我们把"谁来保护"作为遗产保护的首要课题，着力构建以政府为主导、农民为主体、社会各界人士广泛参与的保护机制，形成强大的合力和良好的氛围。浙江省青田县委、县政府高度重视遗产保护工作，成立了保护稻鱼共生系统领导小组，由副县长担任组长，归口县农业局，统筹协调保护工作，突出农民主体地位，全面落实各项惠农政策，加强农业实用技术培训，帮助打造公共品牌，确保广大农民在遗产保护中得到实惠，并通过多种形式、多种渠道，千方百计吸引社会各界人士参与，共同做好遗产保护工作。

二是坚持整体联动，突出保护重点，着力解决好"保护什么"的问题。始终坚持系统、动态、整体的保护原则，突出做好稻鱼共生相关的生物多样性、传统农业耕作方式、传统农业文化和农业景观等方面保护工作，努力让宝贵遗产永续利用，世代相传。按照量质并举的方针，大力实施稻鱼共生"百斤鱼、千斤稻、万元钱"工程，积极开展粮食生产功能区和稻鱼共生精品园建设工作；继承和弘扬稻鱼文化，在春节等重要节庆日开展鱼灯表演活动，举办田鱼文化节、田鱼烹饪大赛等主题活动，鼓励创作以田鱼为主题与青田石雕相结的作品；突出核心保护区原生态和生物多样性保护，严禁无序开发、过度开发，加强村庄环境整治和保洁工作，打造良好的生产生活环境。

三是坚持科学保护，完善机制保障，着力解决好"怎么保护"的问题。始终坚持科学保护的原则，依靠规划驱动、政策促动、学术推动、典型带动等措施，全面推进遗产保护各项工作。委托中科院地理资源所编制《青田稻鱼共生系统保护规划》，委托浙江大学、丽水学院编制《稻鱼共生博物园建设总体规划》，出台了《青田稻鱼共生系统保护暂行办法》，明确了保护工作的方针、内容、措施、责任主体、经费保障、奖惩机制等；与中科院地理资源所、浙江大学等联合成立了"青田稻鱼共生农业文化遗产研究中心"，合作开展农业文化遗产保护的多方参与机制、生态旅游发展、稻鱼系统生态作用机制等研究，为保护工作提供了有力的理论支撑；坚持抓好方山乡龙现村核心保护区建设，以点带面，推进遗产保护工作，培育了一批遗产保护与开发利用方面的典型示范户。

四是坚持以民为本，注重保护实效，着力解决好"让谁受益"的问题。始终把以民为本作为遗产保护的出发点和落脚点，努力追求遗产保护的经济、社会和生态效益，让广大农民得到实惠。借助"全球重要农业遗产"金字招牌，大力推进稻鱼产业发展，尤其是做好稻鱼共生生态品牌创建，大大提高了农产品的知名度和市场价格。如今在龙现保护区，每斤田鱼卖到了40元，比五年前翻了一番，生态大米每斤卖到10元，全县稻鱼共生产业年产值已超过1亿元。推动以龙现为核心的方山乡休闲农业发展，"识遗产、品田鱼"成为特色旅游品牌。中央电视台1套、4套、7套、英国BBC台、香港有线电视台、香港明报等知名媒体都进行了专题报道，先后有20多个国家的学者来青田考察，极大地提高了青田稻鱼共生系统知名度和影响力。如今以龙现村为核心的遗产保护区的生物多样性、传统农业耕作方式、生态环境、自然景观得到了很好保护，人居环境得到了较好改善，实现了可持续发展目标。龙现村先后被命名为浙江省新农村示范村、特色乡村旅游示范村、市级文明村。

本文作者为叶群力（时任浙江省青田县副县长兼稻鱼共生农业文化遗产保护领导小组组长）、徐向春（时任青田县农业局局长兼稻鱼共生农业文化遗产保护领导小组副组长），本文原刊于《农民日报》2013年3月22日第4版。

农业文化遗产保护与"四化同步"发展 [①]

　　中共十八大提出"四化同步"即工业化、信息化、城镇化、农业现代化同步发展。""四化同步"的本质是"四化"互动的一个整体系统，工业化创造供给，城镇化创造需求，工业化、城镇化带动和装备农业现代化，农业现代化为工业化、城镇化提供支撑和保障，而信息化推进其他"三化"。促进"四化"在互动中实现同步，在互动中实现协调，才能实现社会生产力的跨越式发展。

　　自 2002 年联合国粮农组织发起保护"全球重要农业文化遗产（GIAHS）"以来，农业文化遗产才被关注十余年，在科技日新月异，工业化不断推进，传统农业文明逐渐消失的今天，已受到世界多国的关注。中国农业历史悠久辉煌，农业文化遗产数量丰富且类型多样，目前中国在农业文化遗产保护方面已成世界各国的模范。然而，可能有人担心农业文化遗产作为一种较落后的传统农业类型，是否阻碍"四化同步"发展？事实证明，农业文化遗产保护与"四化同步"并不是矛盾关系，而是相互联系、相互促进的关系。

　　农业文化遗产保护是工业化的重要推力。保护农业文化遗产不是像文物一样静态保护、原汁原味的"冷冻式"保护，农业文化遗产保护的目的，是在做好农业生物多样性与农业文化多样性保护前提下，促进地区的发展和农民生活水平的提高，并为现代农业发展提供支持。反过来，农业文化遗产要得到较好的保护必须要提高其生产力和农民收益。因此，开发利用好农业文化遗产的独特性，发展关联产业十分重要。农业文化遗产的景观和产品独特性，深厚的乡土文化内涵，绿色的生态环境和生态产品，不仅可以满足饮食基本需求，而且有巨大的旅游吸引力。以其生产的绿色有机农产品为原料，可以发展副食品加工等轻工业，以其清洁无污染的环境和独有的文化为资源，可以发展旅游业，从而推动地方工业化进程。

[①] 本文作者为闵庆文、张永勋，完稿于 2015 年 6 月，此前未公开发表。

农业文化遗产保护与农业现代化相辅相承。农田发挥了其生产功能，就是对农业文化遗产的保护。譬如，为了降低经营风险，福州茉莉花与茶种植地形成"公司＋农户"和公司承包农业生产基地等社会化生产经营方式，保护了农业文化遗产，也提高了整体效益；使用最新科学技术成果，如茶园、茉莉花园安装引诱杀害虫的电灯和根据害虫的生理特点研制的无污染的物理性杀虫剂，也可以提高生产效益而使遗产得到保护，农业文化遗产中可持续的、科学合理的生产模式都可以指导现代农业的良性发展。

农业文化遗产保护是城镇化过程的重要环节。城镇化必然使小农经营模式效益降低，从而导致大量农业人口转化为非农业人口，传统良性的地域特色鲜明的传统农业方式将面临消失的危险。中国传统农业能够传承发展数千年，必蕴含有许多科学原理在其中，只是近几十年人们只关注现代科技和西方发达国家的生产模式，而没有对中国的传统农业模式进行深入研究和继承发展，其内在的科学性尚未得到全面揭示，保护这些农业类型也就是保住了中国农业持续发展的希望。农业文化遗产本身承载了中国太多的传统文化，对其保护就是对中国文化的保护和肯定，科学合理的城镇化可以从这些传统农业中获得许多有益的理念。因此，农业文化遗产保护是城镇化过程必须做的工作。

信息化是农业文化遗产保护与发展的重要手段。农业文化遗产是活态的、综合性的遗产，其系统内隐含的大量科学信息，都需要通过现代技术来解析，农业文化遗产数字化、信息化是未来需要努力做的工作。如利用遥感技术和地理信息系统技术揭示哈尼梯田的土地利用变化和系统稳定的机制；利用信息化技术研究得出浙江青田稻鱼共生系统碳排放量较单一的水稻种植要低、枣树在佳县起到很好的防风固沙和水土保持作用。信息化手段还为农业文化遗产提供了有效的保护宣传，如，通过互联网、电视、手机等信息化手段，对农业文化遗产的科学性、保护重要性和其内含的文化进行宣传，提高民众对农业文化遗产的认识，增进其对本地文化感情；农业文化遗产的绿色有机农产品和相关加工产品生产、供应、市场销售可以借助于信息化手段提高生产效率、流通速度、扩大市场份额。如，福州茉莉花茶远销欧洲、大洋洲、东南亚等地区，信息化手段作用巨大。总之，信息化为农业文化遗产保护提供了多种保护途径，可提高农业文化遗产的保护效果。

农业文化遗产保护与美丽乡村建设 ①

在快速工业化和城镇化过程中，食物安全危机、农村环境污染和生态破坏、农村空心化、城乡二元结构更突出、中国农村文化逐渐消失等农村问题严重，为此，中央提出的美丽乡村建设成为破解中国传统文化——农业文明沦陷问题的重要措施。美丽乡村建设要求农村要"生产发展、生活宽裕、乡风文明、村容整洁、管理民主"。

农业文化遗产作为人类历史上创造并传承至今的物质和非物质性的生产经验和生活经验及相关文化，是中国传统文化的典型代表。按照联合国粮农组织（FAO）的定义，全球重要农业文化遗产（GIAHS）是"农村与其所处环境长期协同进化和动态适应下所形成的独特的土地利用系统和农业景观，这种系统与景观具有丰富的生物多样性，而且可以满足当地社会经济与文化发展的需要，有利于促进区域可持续发展。"

因此，农业文化遗产至少具备以下几方面的特征：良性循环的农业系统，生产绿色安全的农产品，具有地域特色，与其农业环境相关的乡土文化，和仍然是当地农户重要的经济来源。

农业文化遗产与其他类型遗产的不同在于它是活态的、综合的遗产，仍然具有生产功能。农业文化遗产的保护也不同于其他遗产，必须是动态的、发展的，涉及自然生态、经济、社会和文化等许多方面。所以，农业文化遗产保护与美丽乡村建设的目标根本上是一致的，它们的关系具体可以从以下几个方面来理解。

1　良性循环的农业系统是美丽乡村环境建设的重要内容

"美丽乡村"的农业必须要有健康、可持续的农村生态系统，要遵重自然规律，利用自然条件，发展低能耗的循环农业。农业文化遗产经历过长期的人与自

---

① 本文作者为闵庆文、张永勋，完稿于 2015 年 6 月，此前未公开发表。

然融合，是人类社会与环境协同发展的产物。丰富的生物多样性、多种生态系统服务功能、物质和能量良性循环保证了农业生态系统稳定，正符合美丽乡村的要求，如哈尼梯田拥有丰富的水稻品种和农田生物多样性降低了病虫害的发生几率，稻—鱼、稻—鸭物质循环利用低耗能生产，利用地形特点发明的"流水冲肥"模式等保证了农村环境的清洁、健康和可持续。

2 绿色安全农产品是美丽乡村农业生产的基本要求

"美丽乡村"的农田必须是生产消费者放心的健康、安全的农产品的农田。生产健康安全的农产品需要洁净的农田生态系统。这就要求农业生产方式要清洁，尽量使用环境友好的生产方式，如利用农家肥和生态防虫防病，使用农药、化肥等产品的量必须在农田环境容量以内。

农业文化遗产地农业生产方式是被历史检验过的可持续的、安全的生产方式，如浙江青田稻鱼共生系统中鱼对水稻的不断碰撞可以减少水稻的病虫害发生，这些生态的生产方式是美丽乡村建设可以吸收利用的。同时，其生产方式也可以为其他类似地区农业所借鉴。

3 地域特色农业是美丽乡村产业发展的主导方向

"美丽乡村"的产业发展要因地制宜、遵循经济规律，避免模仿形成千村一面的局面。各村应当利用自己的资源禀赋发展各具特色又各具比较优势的地域特色农业，提高地方产业的竞争力，保证农民收入的稳定。

农业文化遗产本身就是一种独特的地域特色农业，它是"美丽乡村"产业发展中必须保留并且要深入挖掘和重点发展的产业，其地域特色和绿色安全两大特点在市场中有巨大的竞争力。已被列入GIHAS保护试点的许多产品，如江西万年贡米、浙江青田田鱼、云南普洱茶等，地域特色品牌为其赢得了广阔的市场。

4 传承乡土文化是美丽乡村社会文化建设的核心内容

乡土文化是维系地方群众情感的纽带，是团体身份认同和群体归属的重要标识，也是维护社会稳定的隐型力量。广大农村则是滋生培育乡土文化的根源和基因。农业文化遗产是一种综合的系统性遗产，其包含的与自然环境相适应的乡土文化是农业文化遗产的重要组成部分，传承乡土文化是保护农业文化遗产的基本工作，更是美丽乡村社会文化建设的核心内容，因此，保护农业文化遗产是美丽乡村建设的内容之一。

5　提高农民经济收入是美丽乡村建设的重要目标

"美丽乡村"建设不是只为建设良好的生态环境而不注重经济，相反，经济发展和农民经济收入不断提高是"美丽乡村"建设的基本目标。

农业文化遗产作为一种特别的遗产类型，发挥其生产功能和经济价值是保护的重要内容，使农民从农业文化遗产保护与发展获得较高经济收益，是保护农业文化遗产有效的重要手段，同时，也是对其保护的意义所在。"浙江青田稻鱼共生系统"因精细化稻田养鱼和GIAHS品牌效应，稻鱼亩产量和产值都大幅提高。所以，农业文化遗产保护是美丽乡村建设目标实现的有效途径。

6　培养充满幸福感的新型农民——美丽乡村建设的根本目的

工业化使大量农民背井离乡到城市工作，然而高昂的生活成本使农民难以在城市安家，工作漂浮不定。同时，农村由于大量劳动力流失，田地抛荒，村庄凋零，严重影响农民的生活质量。城镇化不是去农村化，而是因经济推动将过剩劳动力转移到城市，农村不会消失，农民也将永远存在。

美丽乡村建设要求以人为本，建设的根本在于培育出生活幸福的新型农民。农民的幸福感需要安定、祥和、优美的外部环境，也需要身体健康、思想健全、综合素质较高等自身条件。农业文化遗产地保留了许多中国优良的文化传统、优美的村落景观、和谐的社会氛围，构成了美丽乡村建设的物质和社会基础。

7　续写健康的中国农业发展史是建设美丽乡村的历史使命

中国辉煌的历史是以农业发展为基础的历史，"天人合一"的中国哲学基本思想指导人类活动要与大自然合一，要和平共处，不要讲征服与被征服，在这种以"养"为主的中国文化的影响下，中国古代人们创造了许多不同的健康可持续的农业类型。然而，在以"造"为主的西方文化竞争和入侵下，中国的自然环境和农业生态系统遭到了巨大的污染和破坏，农业走上了不可持续的道路。建设美丽乡村就是要改变这种不可持续的发展方式，寻找一种新的农业发展模式。

农业文化遗产是中国古代可持续农业发展的缩影，其中蕴藏有许多对现代可持续农业模式创建有重大启示作用的道理。可以说，农业文化遗产是指导续写健康的中国农业发展史的"活"的典籍，保护农业文化遗产意味着保住了美丽乡村建设中农业持续发展的思想之源。

农业文化遗产保护与新型城镇化 ①

新型城镇化是相对于过去片面注重追求城市规模扩大、空间扩张，千篇一律的建筑，只顾盖房不发展实体产业的景观城市化和假城市化而提出的，新型城镇化的"新"是改变过去的错误做法，以实体产业推动城镇化，以提升城市文化、公共服务等内涵为中心，真正使城镇成为具有较高品质的适宜人居之所，使农民真正的转变成市民。2013 年中央城镇化工作会议指出要推进以人为核心的城镇化、以有序实现市民化为首要任务，坚持绿色循环低碳发展。要求要依据现有山水脉络等独特风光，让城市融入大自然；要注意保留村庄原始风貌，慎砍树、不填湖、少拆房，尽可能在原有村庄形态上改善居民生活条件；要传承文化，发展有历史记忆、地域特色、民族特点的美丽城镇。

农业文化遗产作为传统村落、乡土文化、传统农业系统等元素构成的一个整体延续保存下来的活态遗产，从某种意义上说，目前中国的农业文化遗产是近二三十年城镇化、工业化冲击下的"漏网之鱼"，是不多的仍然保留着中国文化原风貌的地方，对走过一段自我文明否定的城镇化发展道路后，重新找回自我的新型城镇化将有着重大贡献。农业文化遗产保护可从实体参与和理念指导两个方面推动新型城镇化建设。

1 农业文化遗产保护与发展是新型城镇化的基本元素

（1）农业文化遗产是新型城镇化新的经济增长点和实现城乡一体化的途径

正确的城镇化道路应以发展产业提供大量的就业机会，吸引农业劳动力从事第二和第三产业来带动人口城镇化。因此培育有潜力的可持续的经济增长点是新型城镇化的首要任务。在经济收入大幅提高和健康意识增强、环境问题和食品安全问题层出不穷的背景下，农业文化遗产绿色健康的农业环境具有发展绿色农业

---

① 本文作者为张永勋、闵庆文，完稿于 2015 年 6 月，此前未公开发表。

和有机农业、乡村旅游业以及农副产品加工业的特殊优势。此外，农业文化遗产的品牌效应可以扩大城镇知名度，增强城镇的吸引力，推动特色城镇化发展。

农业文化遗产地一般位于较偏僻的农村，农业文化遗产相关产业的开发，可以推动农村基础设施完善，带动城乡合作，从而加强城乡联系，共同发展。

（2）农业文化遗产是地域特色城镇化的具体内容

新型城镇化要求城镇化要突出地方文化特色，依据现有山水脉络进行城镇建设，城镇规划要因地制宜，不能在山区大挖大填刻意建成平原型城镇，不能把干旱气候区的城镇刻意建成江南水城，既浪费资金又失去地方特色。城镇产业要依靠资源禀赋和比较优势来发展，建筑和城市布局等人文景观要体现地方文化特征，城镇的风俗习惯要以优良的传统文化为基础，发展之路要有历史的自然过渡之痕。农业文化遗产正是包含了新型城镇化建设所需要的中国传统文化元素，建设具有地方特色的城镇，农业文化遗产是思想之源和最基本的组成部分。

（3）农业文化遗产是就地城镇化和留住人才的重要引力

农业文化遗产作为一种具有生产功能的被重视不久的新的遗产类型，具有广阔的产业发展空间。它的独特性和品牌效应可用于旅游开发；它的健康无污染的生态环境是有机农业开发的优势条件；它的产业关联性强，可以发展系列农产品和手工业产品加工业等；市场潜力巨大、创业和风险成本低，创业空间广阔，可以留住本地人才和吸引外部人为就地城镇化提供人才保障。

（4）农业文化遗产是生态环境保护和集约利用资源的典范

新型城镇化要求城镇环境清洁卫生，生态状态良好，所以城市作为一个整体必须有序发展，畅通运转，城市建设和产业发展必须走可持续的道路，因地就势创造出一套适合当地的资源的循环集约利用方式，减少废弃物的排放。农业文化遗产地可以提供一系列的具体实践方法和历史经验。

2 农业文化遗产内在的科学原理对新型城镇化建设具启示作用

（1）农业文化遗产内在的生态学原理对新型城镇化的指导作用

新型城镇化建设必须遵循环境适应性、物质循环与能量平衡、协同进化等生态学原理，才能保护城镇化的健康有序发展。农业文化遗产系统中包含了各种生态学原理，是生态学原理具体实践的典型案例。如哈尼梯田稻田养鱼养鸭不仅不占水面，而且还起到了除草、捕虫、施肥等作用，鸭群啄动水稻根部和土地，还促进了水田养分物质的循环；哈尼梯田曾经尝试水田改旱田，导致梯田埂崩塌的事件，说明了其系统内在的科学原理，可对城镇建设起到指导作用。

（2）农业文化遗产内在的循环经济原理对新型城镇化的启示

农业文化遗产本身就是一种典型的微缩的循环经济系统，其一般的经济模式为：种植农作物，用农作物植株、种子和残羹剩饭养殖，人畜粪便和绿肥沤制的农作物肥料。这本身就是一种循环经济方式，充分利用了资源，也清洁了环境。除此之外，农、林、禽畜养殖结合的复合农业也是典型的循环经济。农业文化遗产包含有各种循环经济原理在其中，对其深入研究可以得到对新型城镇建设有益的启示。

（3）农业文化遗产内在的社会管理理论对新型城镇化的借鉴意义

农业文化遗产是一个稳定的综合系统，除了农田生态系统可持续外，还必须有一套社会管理机制来维护自然系统和社会系统的平衡和稳定，这样才能保证整个系统延续下去。如哈尼族森林分类管理，为满足人口发展的资源需求发明分寨对策，沟长制度的水资源管理，都是寨内公平和谐和资源高效持续利用的重要保证。中国传统农村社会管理理论对于中国新型城镇社会管理制度的改革创新有借鉴意义。

全面深化改革背景下的农业文化遗产保护与发展①

　　农业文化遗产是一类特殊的"活态"农业生产系统，强调人与环境共荣共存，蕴含着深厚的生态哲学理念、有效的种植养殖技术以及丰富的可持续发展潜力，为现代高效生态农业的发展提供了可资借鉴的理论与技术体系。由于自然条件的约束和经济社会发展水平的限制，农业文化遗产地的农业发展往往难以形成规模化，许多现代化农业技术的应用也存在障碍，主要依靠传统的生产工具、生产资料和生产手段，需要探索基于农业多功能性基础上的动态保护与管理途径。

　　党的十八届三中全会通过的《中共中央关于全面深化改革若干重大问题的决定》（以下简称《决定》），提出了到 2020 年在重要领域和关键环节改革上取得决定性成果的宏伟目标，其中在经济领域中关于制度、机制、模式等方面提出的一系列改革措施，对于农业文化遗产的保护与发展具有重要的指导意义。

　　在制度方面，《决定》提出了赋予农民更多财产权利和改革农业补贴制度。赋予农民更多财产权利是增加农民收入和财富、缩小城乡收入差距的必然要求，农业补贴制度的完善，特别是构建农业文化遗产的生态与文化补偿机制，将有助于巩固农业生产功能，使农业文化遗产的直接与间接经济价值得到更好的加强。此外，将抵押、担保权注入土地承包经营权权能，活化土地使用权的金融功能和作用，将使农业农村发展获得有效金融支持，为农业现代化发展提供强大动力。这些财产与金融制度的改革措施，将可以缓和农业文化遗产地劳动力机会成本不断增加、从事传统农作的人逐渐外流的趋势。

　　在机制方面，《决定》提出了完善农产品价格形成机制，完善粮食主产区利益补偿机制，完善农业保险制度，健全农业支持保护体系。农业文化遗产地多为传统农业区，除农村劳动力外流等问题外，还包括传统劳动模式和技术与知识体系面临传承的危机。有些农户为了提高农产品的产量，往往更愿意选择现代育种

---

① 本文作者为杨波、闵庆文，原刊于《农民日报》2013 年 12 月 27 日第 4 版。

技术培育的高产品种替代传统品种，使用化学肥料替代传统有机肥。因此，必须在科学评估农业文化遗产生态系统服务功能、生物多样性和文化多样性价值的基础上，通过建立独立的农业文化遗产地农产品价格形成机制，健全传统农业系统保护与发展的支持保护体系，形成支持保护农业文化遗产的长效机制，从根本上保护农民的积极性。

在模式方面，《决定》提出了鼓励农村发展合作经济，鼓励社会资本投向农村建设，允许企业和社会组织在农村兴办各类事业。合作经济的发展有助于解决农村劳动力外流和老龄化带来的问题，增强农业农村经济的整体素质和竞争力，同时也可以作为发展农村公益事业和完善农村社会管理的有效载体。鼓励社会资本投向农村建设，有利于弥补农村储蓄资金、劳动力、土地等生产要素外流对农村发展的影响，有利于弥补城乡公共资源配置不均衡对农村发展的影响。农业文化遗产的动态保护与管理，有赖于政府、企业、社区、社会组织等的多方参与。通过开辟多种投资渠道，制定优惠政策，鼓励各类资本进入农业文化遗产的保护，逐步形成政府、企业、农民共同投入的机制，应是未来农业文化遗产地发展的重要模式。

农业文化遗产既不同于一般的自然与文化遗产，也不同于一般的农业生产，除了需要强调和维持农业的生产功能外，还应当明确其生态与文化特征。因此在保护与发展过程中，也会面临现代化进程与全面改革措施带来的挑战：一是对农业生产功能和经济价值的强调可能会带来对传统农业生产技术与知识体系的冲击；二是社会发展及农村人口转移与老龄化对传统农业文化传承的影响。因此，需在明确全面建设小康社会、实现中华民族伟大复兴的"中国梦"这一伟大目标的同时，立足于农业文化遗产地自身的资源、生态、经济、社会特点，建立更为科学、全面、可持续的制度和机制，从而保障遗产地农业生产的健康发展、农村文化的永续传承和农民生计的持续改善。

二十四节气：激活古老文明的现代价值①

2016 年 11 月 30 日，中国申报的"二十四节气"成功被列入联合国教科文组织人类口头与非物质文化遗产代表作名录。这一"中国人通过观察太阳周年运动而形成的时间知识体系及其实践"的入选，不仅使中国的非遗数量继续领先于世界，也在非遗的保护中至少实现了两个方面的突破。

第一个突破是对于传统知识与实践的重视。在此之前，全球共有 90 个项目列入非遗代表作名录和急需保护名录，其中中国有 38 个；我国也自 2006 年以来公布了 1 300 多个国家级非遗项目。这些项目大多分布于民间文学、传统音乐、传统舞蹈、传统戏剧、曲艺、传统体育、传统美术、传统技艺、传统医药及民俗等方面，相比之下，作为传统知识与实践类的可谓凤毛麟角。

第二个突破是对于传统农业文化的重视。尽管中国此前也有诸如蚕桑丝织技术、南京云锦、黎族传统纺染织绣技艺、侗族大歌、朝鲜族农乐舞等与农业生产密切相关的项目入选，但其重点依然在加工技艺与艺术表现层面，无法真正表达农耕文化作为中国优秀传统文化重要组成部分的内涵价值。

二十四节气为古老中国人解决温饱、发展生产，为中华民族繁衍生息、兴旺发达做出了不可替代的贡献，其历史与文化价值毋庸置疑。不仅如此，它还具有突出的现实意义，主要表现在以下几个方面：一是二十四节气所体现的中国人民尊重自然、崇尚人与自然和谐的生态文明观，对于当今生态文明建设、可持续发展具有重要意义；二是二十四节气所反映的农业生产节律性变化规律，对于农业的可持续发展具有重要意义；三是二十四节气所代表的中国传统节气文化家喻户晓，对于进一步提升中华民族的认同感与凝聚力具有重要意义；四是二十四节气的申遗成功有助于提升国人的文化自觉与文化自信，对于中华优秀文化走向世界具有重要意义。

---

① 本文作者为闵庆文、袁正，原刊于《农民日报》2016 年 12 月 7 日第 3 版。

二十四节气不仅是一种传统文化，更是一种可持续发展的知识体系，是一种中华民族传承至今的生态文明观。因此，二十四节气的成功申遗只是其保护的阶段性成果，它的保护、传承、利用与弘扬应是全体中国人长期、艰巨、共同的任务。在保护与传承中，应当注意以下几个方面问题。

一是二十四节气是中国人民的集体创造，不同于以往的一些项目，可能很难确定具体的"传承人"。因此，需要就遗产价值发掘与保护传承方面进行新的探索，应当通过区域性的"传承群体"进行保护。只有让二十四节气走进课堂、走入民间，才能够真正传承这一优秀民族文化遗产。

二是二十四节气发端于对自然节律的认识和农业生产实践，但由于气候变化等自然条件的影响，自然现象与农业生产方式已经发生了明显的变化。在传承与利用时，需要将重点放在内涵价值上，而不是表面形式上。只有深入认识二十四节气与中国人生产、生活的密切关系，才能发挥其对于可持续农业与农村发展更为深远的指导意义。

三是二十四节气内涵丰富，已融入中国人的日常生活中。通过对二十四节气与健康养生的关系、二十四节气对物候研究的意义、二十四节气相关民俗节庆活动等的发掘，丰富这一遗产的传承方式，引导中国人在生活中进行保护和传承。

四是二十四节气的传承利用的重点现已有所转移，难以直接指导农业生产。它的活态保护或者生产性保护，也难以像其他非物质文化遗产项目一样依靠传承人进行。然而，蕴含在二十四节气中的因时制宜、取物顺时的生态思想，至今仍指导着农业生产活动。因此，应当结合文化景观保护、农业文化遗产保护和可持续农业发展，实现二十四节气的活态传承与可持续利用。

黄河流域农业文化遗产的类型、价值与保护 ①

黄河流域是中华农业文明的发祥地。其悠久灿烂的农业文化历史，加上不同地区自然与人文的巨大差异，创造了种类繁多、特色鲜明、经济与生态价值高度统一的农业文化遗产。这些农业文化遗产保育了生物多样性，发挥着重要的生态系统服务功能。发掘、保护、利用和传承黄河流域农业文化遗产，对于改善流域生态环境、促进流域可持续发展具有重要意义。

1 黄河流域主要农业文化遗产类型及其现实意义

（1）草原游牧系统

黄河流经的青海、甘肃、宁夏回族自治区（全书简称宁夏）和内蒙古等区域，草原游牧系统是以北方少数民族为主体的产业与文化表达，包括内蒙古乌审草原游牧系统、内蒙古伊金霍洛草原游牧系统等。

传统的草原游牧系统具有提高草地生物多样性及群落稳定性的重要作用。对内蒙古草原游牧系统不同放牧方式的定量研究表明，游牧的多样性指数、丰富度指数均高于两季轮牧和定居，群落内种群数量结构关系较定居放牧更为复杂和稳定。这说明，农业文化遗产中的游牧方式不仅可以增加草地的生物多样性，还可以提高群落的稳定性。

几十年来，由于全球气候变化、人类活动加剧、自然灾害频发、草地超载过牧等的影响，黄河上游存在不同程度的草地退化问题，而传统的草原游牧系统有助于黄河上游草地退化问题的解决

（2）旱作梯田系统

旱作梯田系统是在干旱少雨的丘陵山坡地上，沿等高线方向修筑的条状阶台式或波浪式断面的田地，比如山西壶关旱作梯田系统、陕西黄土高原旱作梯田系

---

① 本文作者为闵庆文、刘某承、杨伦，原刊于《民主与科学》2018 年 6 期 26–28 页。

统等，都是治理坡耕地水土流失的有效措施，蓄水、保土、增产作用十分显著。同时，旱作梯田的通风透光条件较好，也有利于作物生长和营养物质的积累。

黄河流域土质疏松、坡度陡峭、植被破坏严重，加之风蚀、水蚀等强力搬移作用，致使流域内水土流失十分严重。尤其是黄河中游的黄土高原，是我国水土流失最严重的地区。旱作梯田系统为黄土高原在开展农业生产的同时解决水土流失问题提供了借鉴。

（3）传统水利工程

黄河中上游的西北干旱地区，年均降水量稀少，水资源非常缺乏。为解决农业生产的缺水问题，劳动人民建造了许多引黄灌溉水利工程，包括宁夏黄河引水灌溉系统等。宁夏引黄灌溉始于秦代，盛于汉代。秦渠、汉渠等12条引黄古渠系历经2 000多年，仍发挥着滋润沃土的作用。如今，宁夏平原引黄灌渠纵横交错，渠道总长1 284千米，引黄灌溉面积约551万亩。

黄河中游地区，为拦截泥沙、保持水土，劳动人民创造了淤地坝灌溉系统。淤地坝水利灌溉系统已有几百年的发展历史，在黄河流域的山西、陕西、内蒙古、甘肃等省（自治区）分布最多，是在水土流失地区的各级沟道中，以拦泥淤地为目的而修建的坝工建筑物，其拦泥淤成的地叫坝地。在流域沟道中，用于淤地生产的坝叫淤地坝或生产坝。"沟里筑道墙，拦泥又收粮"，这是黄土高原地区群众对淤地坝作用的高度概括。研究表明，淤地坝在拦截泥沙、蓄洪滞洪、减蚀固沟、增地增收、促进农村生产条件和生态环境改善等方面可以发挥显著的生态、社会和经济效益。

（4）林农牧复合系统

黄河中下游地区，部分地区自然条件相对恶劣，立地条件较差，劳动人民通过种植适应性较强的乔木改变局地气候和土壤条件，使得在林下或林边种植农作物成为可能，发展了多种多样的林农牧复合系统。被联合国粮农组织认定为全球重要农业文化遗产的甘肃迭部扎尕那农林牧复合系统、陕西佳县古枣园、山东夏津黄河故道古桑树群，以及被农业农村部认定为中国重要农业文化遗产的山东乐陵枣林复合系统等就是典型代表。

历史上黄河泛滥，形成了黄河故道的沙地地貌。为在恶劣的生态条件和贫瘠的沙土上实现人与自然的和谐发展，协调防风治沙的生态需求与发展农业的生产需求，山东夏津黄河故道古桑树群利用桑树抗低温、耐高温、耐盐碱、在干旱半干旱荒漠也能生长发育的特点及其强大的防风固沙保土功能，发展了"以桑治

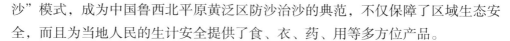

沙"模式，成为中国鲁西北平原黄泛区防沙治沙的典范，不仅保障了区域生态安全，而且为当地人民的生计安全提供了食、衣、药、用等多方位产品。

（5）沟垄耕作系统

黄河下游的华北平原地区，春季干旱多风沙，夏季降水集中。沟垄耕作系统是在等高耕作基础上的一种耕作措施，即在坡面上沿等高线开犁，形成沟和垄，在沟内和垄上种植作物或者牧草，用以蓄水拦泥、保水、保土和增产。沟垄耕作是一种水土保持复合耕作法，有改变地形、拦蓄部分径流、相对增加土壤蓄水、提高水分利用率、减少土壤流失的作用。同时有利于作物通风透光，充分发挥边行优势，提高光能利用率，达到增产目的。沟垄耕作具有投资少、操作简便、易于推广、拦蓄水土效益显著等特点，是解决干旱低产地区缓坡地水土流失的一项主要措施。

（6）旱地节水保墒技术体系

起源于甘肃兰州一带的砂田生产系统，是用不同粒径的砾石和粗砂覆盖在土壤表面而成，是我国西北干旱地区经过长期生产实践形成的一种世界独有的旱地节水保墒技术体系。

黄河上游的青海、甘肃和宁夏等区域，海拔较高，属大陆性气候，冬冷夏热，冬春干旱，夏秋多暴雨，年蒸发量远大于降水量。而砂田生产系统由于地面有砂石层覆盖，既能渗纳雨水又可减少蒸发，从而可提高土壤的蓄水保墒能力。另外，砂田生产系统对于防止土壤的风蚀和水蚀，降低盐碱，减少病虫、杂草危害，也发挥着重要作用，为黄河上游干旱地区的种植业发展提供了可持续的路径。

（7）间套轮作农耕技术体系

间作是指在同一田地上于同一生长期内，分行或分带相间种植两种或两种以上作物的种植方式。早在公元前1世纪，我国就有关于瓜豆间作的记载。黄河流域的间作农耕技术体系包括粮食作物与经济作物、绿肥作物、饲料作物的间作等，林粮间作则以耐受性较强的桑树、枣树或泡桐等与一年生作物间作较多。套种是在前季作物生长后期的株行间播种或移栽后季作物的种植方式。

间套作可提高土地利用率，由间作形成的作物复合群体可增加对阳光的截取与吸收，减少光能的浪费；同时，两种作物间作还可产生互补作用，如宽窄行间作或带状间作中的高秆作物有一定的边行优势，豆科与禾本科间作有利于补充土壤氮元素的消耗等。黄河流域的旱地、低产地、用人畜力耕作的田地可以广泛采用间套作技术。

　　轮作是在同一块田地上有顺序地在季节间或年间轮换种植不同的作物或复种组合的一种种植方式，是用地养地相结合的一种生态农业措施。黄河流域的旱地多采用以禾谷类为主或禾谷类作物、经济作物与豆类作物、绿肥作物的轮换，有的水稻田实行与旱作物轮换种植的水旱轮作。轮作可以消灭或减少病菌在土壤中的数量，减轻病害，是综合防除杂草的重要途径；两类作物轮换种植，还可保证土壤养分的均衡利用，避免其片面消耗。此外，轮作还可改变土壤的生态环境，调节土壤肥力。

　　（8）特殊物种资源保护与利用技术体系

　　物种资源是物种进化的基础，也是人类社会生存和发展的物质基础。甘肃岷县当归种植系统、甘肃永登苦水玫瑰农作系统、宁夏中宁枸杞种植系统、河南灵宝川塬古枣林、山西稷山板枣生产系统等已被认定为中国重要农业文化遗产。

　　如陕西佳县古枣园，其中枣属植物有枣和酸枣。因其分布范围、生态条件、品种用途、栽培方式、繁殖管理办法等差别较大，现存8个枣的品种群共30个地方品种。包含着从野生型酸枣、半栽培型酸枣、栽培型酸枣到栽培枣的完整驯化过程，不但为我国作为枣树原产地、驯化和规模化种植发源地提供了有力证据，也是未来枣产业发展的重要种质资源库。

　　农业文化遗产蕴含丰富的物种资源，也形成了多样的特种物种资源保护与利用的技术体系，这些无论是对生物多样性的保护，还是对于培育新的抗病品种、为人类提供食物源、为医疗卫生保健提供药用生物及生物生存环境资源、为工业提供原料等方面，都有着不可估量的作用。

2　黄河流域农业文化遗产保护措施

　　（1）加强重要农业文化遗产的发掘与保护

　　尽管甘肃迭部扎尕那农林牧复合系统、陕西佳县古枣园和山东夏津黄河故道古桑树群等被列入全球重要农业文化遗产名录，甘肃岷县当归种植系统、甘肃永登苦水玫瑰农作系统、宁夏中宁枸杞种植系统、山西稷山板枣生产系统和河南灵宝川塬古枣林等也被列入中国重要农业文化遗产，但黄河流域丰富的农业文化遗产目前远没有得到充分的发掘与保护。例如，迄今（2018年年底）为止，青海省尚没有一项中国或全球重要农业文化遗产，这与青海深厚的农业历史及学者的认知都不相符。

建议尽快开展黄河流域重要农业文化遗产的普查工作，并在全面评价其多功能价值、濒危性与保护紧迫性的基础上，做好中国甚至全球重要农业文化遗产的申报工作。

（2）做好农业文化遗产保护的示范与推广

与一般意义上的自然与文化遗产不同，农业文化遗产是一类"活着的"遗产，具有活态性、适应性、复合性、战略性、多功能性、濒危性等特点。尽管在黄河流域已有多项农业文化遗产得到认定，但与其他地区相比，农业文化遗产潜在的生态、经济与文化价值还没有得到充分发挥，基于多重价值的多功能农业发展尚处于起步阶段。

建议以流域内全球与中国重要农业文化遗产为基础，开展农业文化遗产动态保护与适应性管理的示范工作，积极探索乡村振兴战略、美丽乡村建设和现代农业发展背景下的农业文化遗产保护与发展途径。通过"有文化内涵的生态农产品"的开发提高农产品价值；通过功能农业、文化农业、休闲农业、农产品加工等的发展促进"三产"融合发展，促进农业文化遗产地潜在生态与文化价值向现实经济价值的转化。

与此同时，系统梳理和总结黄河流域的重要农业文化遗产技术体系，包括农业资源综合利用技术、农业生态保育技术、农业环境治理技术、自然灾害防御与气候变化适应技术等，并与现代农业生物技术、信息技术等结合，探索现代生态农业发展模式，并在流域范围内进行推广，以促进流域生态环境改善和现代生态农业的发展。

哈尼梯田的农业文化遗产特征及其保护 ①

红河哈尼梯田具有至少 1 300 年以上开垦、耕作和发展历史，并至今持续使用和发展着。作为农耕文化的"活化石"、民族智慧的结晶、人与自然和谐的典范、山地农业技术知识体系的集成、农业生物的"基因库"和独具特色的自然与文化景观，哈尼梯田是一类典型的、具有全球重要意义的农业文化遗产。

1 哈尼梯田的农业文化遗产特征

（1）哈尼梯田是一个典型的复合农业生态系统

以哈尼族为主的各族人民在利用土地资源时，充分考虑自然地理条件，将山体分为三段：山顶为森林，山腰建村寨，寨脚造梯田。山腰气候温和，冬暖夏凉易于人居住，宜于建村；而村后山头为森林，有利于水源涵养，形成山泉、溪涧，常年有水，使人畜用水和梯田灌溉都有保障，同时山林中的动植物又可为人们提供肉食和蔬菜；村下开垦万阶梯田，既便于引水灌溉，满足水稻生长，又利于从村里运送人畜粪便施于田间。梯田的建造完全顺应等高线，减少了动用土方，又防止了水土流失。这种森林—村寨—梯田—水系"四度同构"的结构创造了人与自然高度融合，体现了结构合理、功能完备、价值多样、自我调节能力强的复合农业特征。

（2）哈尼梯田是一个活态的农耕文化博物馆

哈尼梯田范围广泛，田块面积各异，形态千差万别，地形复杂，自然与文化景观丰富。千百年来，劳动人民在这个过程中，创造了独具特色的农耕技术和相应的文化习俗活动，形成了系统的文化现象和独特的农业生产方式，使得这一农业文化遗产长期以农业这一经济活动保持着生态与社会文化价值。更为重要的是，在这样一个独特的复合农业生态系统中，人始终是重要的参与者。因时因地

---

① 本文原刊于《学术探索》2009 年第 3 期 12—14 页，有删减。

制宜的适应性管理理念，使其生产与生活方式随历史的发展而不断变化，但这种变化并非脱离自身资源与环境基础的变化，而是与自然协同进化。

（3）哈尼梯田为人类适应全球变化、保障粮食安全提供了应对策略与资源基础

哈尼梯田系统中，以水资源管理为核心的技术体系、丰富的农业生物多样性和文化多样性，是长期以来劳动人民适应自然的集成，为当今和未来社会人们应对全球变化、保障粮食数量与质量安全、缓解水土资源危机等，提供了借鉴意义。例如，哈尼梯田合理的林种结构、分水制度、泡田方法、以水冲肥技术等，均为有效保护和合理利用水资源的技术与管理策略。又如，一般的现代稻种经过三五年种植后，品种就会出现退化而难以持续种植，但栽种在海拔 1 400 米以上、至今已有 1 300 多年历史的哈尼梯田红米，极能适应气候变化和自然灾害，具有持久的抗性，表现出极为稳定的遗传特征，具有极为重要的遗传价值。

2 哈尼梯田保护的两个基本原则

（1）动态保护原则

和世界自然遗产、文化遗产相比，农业文化遗产最大的不同在于它保护的是一种综合性的生活方式、生产技术、生态景观。因而对于哈尼梯田这样的农业文化遗产，应当采取动态保护的思路，就是让农民继续采用传统的农业生产方式，并且能够从中收益，可以在保护生态系统服务的前提下有所发展。没有生产劳作是不可能保护这些传统农业系统的。哈尼梯田的保护也是一样，梯田作为当地居民一种农业生产方式，具有生态价值，形成的景观具有审美价值，而所有的这些都离不开农民的耕作。因此要保护梯田就需要将农民留住，并且愿意继续维持梯田这种耕作方式。动态保护恰恰也符合了这个要求。

（2）多方参与原则

全球重要农业文化遗产的动态保护需要广泛的积极参与，需要建立多方参与机制，即不同利益相关方相互协作、共同达到任何人或学一部门都不可能单独完成的相同目的的一种机制。哈尼梯田的遗产申报、保护与发展是一个复杂的系统工程，需要多方共同参与，协作完成。这种机制可以简单地概括为"五位一体"：第一是国际组织，因为哈尼梯田是具有全球意义的人类共有的农业文化遗产，就需要来自联合国组织、政府间组织等的技术与经济上的支持；第二是政府机构，包括省、州、县、乡政府，他们是遗产保护工作的参与者和组织者之一，也是遗产保护工作的服务者、协调者和监督者；第三是企业，对一个经济欠发达的地区，企业的参与非常重要，可能会起到一个"助推器"的作用，但是企业家一定要认识其责任和义务，这方面国内外的教训很多；第四是科技，因为哈尼梯田不是单一的自然或文化遗产，而是融自然、文化、非物质等特性在内的综合性遗产，其价值挖掘、动态保护、可持续利用涉及生态、农业、林业、水利、民族、民俗、经济、管理、旅游等众多学科和部门，还有许多问题需要研究；第五是社区，社区或以社区为基础的机构更能适应当地特定的社会和生态条件，更能代表当地的利益和喜好，更了解当地生态变化过程和传统的资源管理实践，能更容易通过当地适应的传统途径和管理实践调动当地的人力资源和物资资源，对他们所代表的当地人生计有关的自然资源管理决策和行动更有责任感。具体到哈尼梯田，目前应当采取的是国际组织指导、政府主导、企业协助、科技支撑、社区主体的机制。

3 哈尼梯田保护的三个有效途径

目前对于农业文化遗产的动态保护途径可以归纳为三个方面，这对于哈尼梯田的保护也具有借鉴意义。

（1）发展有机农业

有机农业是一种完全不用化肥、农药、生长调节剂、畜禽饲料添加剂等合成物质，也不使用基因工程生物及其产物的生产体系，其核心是建立和恢复农业生产系统的生物多样性和良性循环，以维持农业的可持续发展。它不仅有利于传统农业技术和农业文化的保护，而且有利于生物多样性的保护，还有利于增加农民收入，促进当地的可持续发展。哈尼梯田由于经济相对落后，农业发展还处于传统农业阶段，很少施用化肥农药，这为未来发展有机农业提供了良好的生态环境。

（2）发展生态旅游

生态旅游强调保护自然资源和生物多样性、维持资源利用的可持续性，实现旅游业的可持续发展，它是一种具有保护自然环境和维系当代人们生活双重责任的旅游活动。在遗产地开展生态旅游，不但可以有效地保护农业文化遗产，而且可以提高当地人民的生活质量而保持原来的生产方式。哈尼梯田的景观及其少数民族文化都是很好的旅游资源，现在哈尼梯田也具有一定规模的旅游发展。然而过度的旅游开发可能会导致非常严重的后果，这也是在遗产地开发旅游所最担心的。包括观光农业等的生态旅游的发展实际上是一种很有效的形式，积极而有序

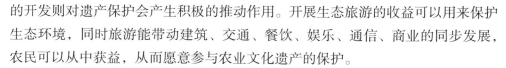

的开发则对遗产保护会产生积极的推动作用。开展生态旅游的收益可以用来保护生态环境，同时旅游能带动建筑、交通、餐饮、娱乐、通信、商业的同步发展，农民可以从中获益，从而愿意参与农业文化遗产的保护。

（3）建立生态与文化保护的补偿机制

争取获得国家在文化保护、生态保护方面更多的支持。近几年关于生态补偿问题已经引起了广泛关注，我们曾经完成了一些研究工作，目前最关心的就是那些经济相对落后、生态相对脆弱、文化又非常丰富的地区，如何进行文化保护和生态保护的补偿问题。

通过这三种办法，我相信我们这些位于遗产地的老百姓的生活就可能不仅不会降低，而且还会比其他地方更好。

哈尼梯田农业类遗产的持久保护和持续发展 ①

　　转眼间，哈尼梯田成功列入世界文化遗产已经一年了。一年来，哈尼梯田似乎更加引人关注了：2013 年 8 月 25 日，由亚洲旅游文化联合会等机构联合主办的"第十九届亚洲旅游业金旅奖盛会暨大中华区旅游文化榜发布会"上，云南省红河州获得了"亚洲旅游业金旅奖"及大中华区"最美人文休闲旅游名州"称号；9 月 11—12 日，《美丽中国湿地行》之《红河元阳——大地雕塑》在中央电视台中文国际频道（CCTV-4）播出，并入选"美丽中国湿地十佳"；9 月 15 日，经红河州委外宣办推荐，元阳县凭借丰富多彩的民族文化资源、独特的哈尼梯田文化景观和良好的生态环境，荣获第五届新农村电视艺术节全国"魅力新农村十佳县市"（特色旅游魅力县）荣誉称号；2014 年 1 月 4 日，红河哈尼梯田入选"2013 美丽中国十佳主题旅游线路"；3 月 20 日，以推介哈尼梯田文化旅游、全面展示哈尼梯田独特的人文风貌为主题的首届红河哈尼梯田世界文化遗产国际摄影双年展现场摄影比赛和"易拍"手机摄影大赛落下帷幕；7 月 2 日，元阳哈尼梯田荣获国家"AAAA"级旅游景区荣誉。

　　其他还有许多，无法一一列出。但从中不难看出，人们可能较多地关注旅游的发展，忽视了作为梯田得以持续的最为关键的一个方面，即梯田农业生产的可持续发展。

　　记得哈尼梯田申遗成功后举办的专家恳谈会上，我曾提出了自己的忧虑：哈尼梯田的保护与发展面临着前所未有的机遇，同时也面临着前所未有的困难。因为从国际上看，同类型的遗产保护并不顺利，菲律宾伊富高梯田就曾被亮黄牌；国内更没有同类遗产保护的经验，因为在我国的 40 多个自然与文化遗产中，哈尼梯田是第一个农业类遗产。

　　入选世界遗产，对旅游发展有强烈的促进作用，这在元阳县已经体现出

---

① 本文原刊于《世界遗产》2014 年第 9 期第 60 页。

来。据报道，2014 年上半年，作为红河哈尼梯田核心区的元阳县，共接待国内外游客 61.2 万人次，同比增长 4.06%，其中，海外游客 3.21 万人次，同比增长 3.93%；旅游外汇收入 1 795.97 万美元，同比增长 11.38%；门票收入 791.04 万元，同比增长 57.7%。

必须指出的是，哈尼梯田除了是世界文化遗产外，还是全球重要农业文化遗产、国家级文物保护单位、国家湿地公园，其保护与发展还需要进行综合考虑。但最为核心的一个问题是，对于哈尼梯田这样的遗产维持的前提是梯田农业的维持。而维持梯田农业，一方面要有农民愿意继续从事农业生产，条件是应当确保农民在农业生产的收益不断提高，而且应不低于来自其他行业（如旅游业）的收入；另一方面是要有充足的水资源能够满足稻作生产的需要，条件是保护好生态景观的完整性和水源涵养林的可持续利用。

相对于其他的自然遗产、文化遗产或非物质文化遗产，哈尼梯田是一类特殊的文化遗产，即农业文化遗产。2010 年，联合国粮农组织就将红河哈尼稻作梯田系统列为全球重要农业文化遗产保护试点。按照粮农组织的定义，全球重要农业文化遗产是"农村与其所处环境长期协同进化和动态适应下所形成的独特的土地利用系统和农业景观，这种系统与景观具有丰富的生物多样性，而且可以满足当地社会经济与文化发展的需要，有利于促进区域可持续发展"。

人们似乎还不太熟悉农业文化遗产。农业文化遗产的基本特点包括活态性、动态性、适应性、复合性、战略性、多功能性、可持续性和濒危性。其中，活态性是指农业文化遗产是有人参与、至今仍在使用、具有较强的生产与生态功能的农业生产系统，系统的直接生产产品和间接生态与文化服务依然是农民生计保障和乡村和谐发展的重要基础；复合性是指这类遗产不仅包括一般意义上的传统农业知识和技术，还包括那些历史悠久、结构合理的传统农业景观，以及独特的农业生物资源与丰富的生物多样性，体现了自然遗产、文化遗产、文化景观、非物质文化遗产的复合特点。

活态性、复合性是农业文化遗产的突出特点，对于这样一类遗产的保护亟需建立一种新的保护模式。在过去近 10 年时间里，我国就此已经进行了一些有益的探索，特别是在执行联合国粮农组织的全球重要农业文化遗产项目时，明确了"动态保护"的理念。

2014 年文化遗产日的主题是"让文化遗产活起来"。农业文化遗产本身就是一个"活态"遗产，是农业部门推动的一项重要工作，不应当看作一般意义上的文物，因此，"活起来"也是农业文化遗产存在的先决条件。

农业文化遗产保护的是一个复合系统，包括传统物种与生物多样性、传统农业生产技术与生物资源利用技术、生态环境保护与水土资源管理技术、农业生态与文化景观以及民族文化。因而，对于农业文化遗产不能像保护城市建筑遗产那样将其进行封闭保护，否则只能造成更严重的破坏和遗产保护地的持续贫穷，应当采取动态保护的思路，让农民在继续采用传统农业生产方式的基础上从中收益，在保护生态系统服务的前提下有所发展。

对于哈尼梯田的保护与发展，应当遵循农业文化遗产保护的一般性原则：一是保护优先、适度利用的原则，对于农业文化遗产来说，因为其濒危性和与集约化、规模化等为特点的现代农业相比存在劣势，必须强调将保护放在优先位置；二是整体保护、协调发展的原则，即农业文化遗产包括了物质文化遗产和非物质文化遗产等诸多方面，既有自然的东西，也有文化的东西，需进行整体保护，协调发展；三是动态保护、适应管理的原则，我们要承认现代技术里面的合理及有利的一面，应当允许农业生产系统在内核不变的基础上的适应性调整；四是活态保护、功能拓展的原则，即应当认识到农业文化遗产是一种活态文化遗产，应遵循生产性保护的原则，一旦农业文化遗产不生产不运作，那么它离消失也就不远了，而且在利用过程中应充分发挥其生态、文化等多功能特征；五是就地保护、示范推广的原则，我们不可能将农业文化遗产放在博物馆里进行展示，要把可以推广应用的技术体系、知识与保护理念与措施向其他地区进行推广。

"变"与"不变"是农业文化遗产保护需要关注的重要方面。"变"是绝对的，"不变"是相对的，关键是什么可以变、什么不可以变，或者说变的"度"如何把握。所谓活态保护、动态保护，主要就是说保护中不应是"原汁原味"或者"一成不变"的保护，而是应当根据实际情况进行适当的调整，但农业生态系统的基本结构与功能、重要的物种资源、农业景观、水土资源管理技术等不应发生改变，与之相关的民族文化与传统知识也不应发生大的改变。

农业文化遗产是一类"活态"遗产，但同时又是集历史文化、产业发展、生态保护、科学研究、休闲娱乐等多种价值于一体的农业生产系统，其保护、利用、传承涉及到多个学科和多个部门，应当建立多方参与、惠益共享的机制，特别要注意农业文化遗产的拥有者、最主要的保护者——农民的作用，要让他们在保护中受益，从而提高他们保护的积极性与主动性。

对于哈尼梯田的保护与发展，要注意处理好几个关系：一是不同遗产类型之间的关系，即不仅要重视物质性的梯田，还应注意非物质性的森林与水资源管理、生物多样性保护与利用的传统知识；二是不同产业类型之间的关系，即不仅要充分发挥哈尼梯田的文化价值，发展旅游业与文化产业，还应当利用其生态环境价值发展特色农业，如梯田红米等；三是不同利益群体之间的关系，特别是政府、企业、社区和农民的关系，一定要确保农民的利益；四是核心区和非核心区的关系，尽管作为世界文化遗产申报时的核心区位于元阳县，面积为 166.03 平方千米，涉及 3 个片区，但红河哈尼梯田绵延整个红河南岸的元阳、红河、绿春、金平等县，总面积约 100 万亩，需要保护的至少有 10 大片区、20 万亩。

总之，对于哈尼梯田的保护不应光重视保护梯田，而应保护以梯田为基础的农业、以农业为生的农民和为稻作农业提供水资源保障的森林与水系、维持森林与水系的传统文化；对于哈尼梯田的利用不应光重视旅游发展，而应更加重视作为旅游吸引物的梯田景观赖以存在的农业的发展；不应只关注核心区的保护，而应从更大的范围进行保护。

农业文化遗产，给点阳光更灿烂 ①

近日，农业部部署开展第四批中国重要农业文化遗产发掘工作。自 2012 年首次开展该项工作以来，农业部已经分三批认定了 62 项中国重要农业文化遗产。从世界范围来看，自 2002 年联合国粮农组织启动 GIAHS 保护工作以来，共有 15 个国家 36 项传统农业系统被评选为全球重要农业文化遗产，其中我国以 11 项位居各国之首。

6 月 20 日，《中国科学报》记者就农业文化遗产发掘与保护的相关问题专访了联合国粮农组织全球重要农业文化遗产科学咨询小组（SAG）主席、中国科学院地理科学与资源研究所研究员闵庆文。

"农业文化遗产的发掘、保护已经进入到一个非常好的发展时期"，他表示，"但是，对农业文化遗产价值的认识仍待进一步提高，相关工作也亟待多方面的支持。"

活态遗产的历史基因

记者：怎么理解农业文化遗产发掘与保护的意义？

闵庆文：我认为，农业文化遗产的发掘与保护至少有这样几个方面的意义：第一，拓展"文化遗产"的类型。人们对联合国教科文组织的世界自然与文化遗产、非物质文化遗产等已经比较熟悉，也可能知道世界文化遗产中有一小部分属于农业类型的遗产，例如稻作梯田、传统葡萄园等。这些遗产的一大特征是"活态性"，即仍然具有重要的生产功能，这与一般意义上的古迹、遗址有很大区别。但其数量不多，对这类"活态性"遗产保护也缺乏有效办法。联合国粮农组织推动的农业文化遗产发掘与保护工作，进一步拓展了文化遗产的类型，而且将因为更加重视农业的生产功能和其他多种功能的结合，有助于探索这一特殊类型遗产

---

① 本文作者闵庆文、胡璇子，原刊于《中国科学报》2016 年 6 月 22 日第 5 版（农业周刊）。

的保护与利用。

第二，保护农业发展的"基因"。农业文化遗产是先民在长期生产活动中创造并延续至今的一种农业生产系统，蕴含着对于当今和未来农业发展极具重要价值的"基因"，包括生物基因、文化基因和技术基因。主要体现在：农业生产系统中的许多重要动植物遗传资源及相关的生物多样性，不仅成为发展名特优产品的资源基础，也在维持生态系统稳定和服务功能方面发挥了重要作用；农业生产过程中创造了侗族大歌、哈尼四季生产调、青田鱼灯舞等丰富多彩的歌舞以及民俗、饮食、建筑等物质与非物质文化遗产，对于农耕文化传承、农村社会和谐等具有重要意义；传统农业生产技术也是不容忽视的方面，例如稻田养鱼、桑基鱼塘、农林复合、水土资源管理等，对于现代生态循环农业发展依然具有借鉴意义。正如我国著名生态学家、中国工程院院士李文华指出的那样，我们不仅要重视现代技术的研发，还要重视现有成果的推广和传统技术的发掘与提升。

第三，开展科学研究的"平台"与科普教育的"基地"。从某种意义上说，农业文化遗产展示了历史上人与自然如何和谐相处，其本身是非常鲜活的科普宣传基地，同时也是天然的科学研究的基地。其不仅是自然科学研究天然的实验室，也是社会科学、区域发展、景观设计等多学科研究的不可多得的平台。

第四，促进地方发展的"可持续"。农业文化遗产的认定会给地方发展带来新的契机。已有的实践证明，农业文化遗产的发掘与保护对遗产地发展有很好的促进作用。比如，通过农产品品牌打造以及附加在农产品经济价值之上的生态和文化价值的发掘，可使农产品价格得到提升。另外，农业文化遗产也改变了我们传统意义上对于农业和农村发展的认识。作为经济相对落后、生态比较脆弱、文化较为丰厚的农业文化遗产地，面临着生态保护、文化传承和经济发展的三重任务，通过农业文化遗产的动态保护和适应性管理，可以探索出农业与农村可持续发展的新路子，对发展地方经济、解决农民就业、提高农民收入、促进农村繁荣、建设美丽乡村都有重要的意义。

记者：对农业文化遗产的认定和评估标准主要是什么？

闵庆文：联合国粮农组织确定了全球重要农业文化遗产的五个核心标准：一是食物安全和生计安全；二是生物多样性和生态系统服务功能；三是传统知识和技术；四是传统文化；五是生态与文化景观。另外，农业部关于中国重要农业文化遗产的发掘工作，还有几个辅助标准。比如，当地政府对农业文化遗产的重视程度，当地百姓对农业文化保护的自觉性程度，保护与发展规划的科学性和可行性等。

没有农民就失去了意义

记者：目前我国农业文化遗产研究和保护状况如何？

闵庆文：我们应该辩证地、历史地看农业文化遗产的发掘、认定和保护工作。目前，农业文化遗产有良好的发展势头，可以说，总体形势比较好。

但是，我们对于农业文化遗产的重要性认识仍不够。从认知上说，对农业文化遗产在中华优秀传统文化中所占地位、对其在"望得见山、看得见水、记得住乡愁"的农村发展中的价值以及其对特殊地区区域发展的作用的认识还不到位。

从研究上说，农业文化遗产涉及多学科，比如政策机制、生态系统结构与功能、文化与经济价值评估等。目前我们还缺少专门项目支持，而且真正从事该领域研究的人员也很不够。

从支持力度上说，和"自然保护区""文物保护单位""传统村落""非物质文化遗产"等相比，我们对农业文化遗产保护的投入还很不够。尽管农业部已经颁布了《重要农业文化遗产管理办法》，但目前还没有配套的实施细则，更没有相应的资金上的支持。今年，"开展农业文化遗产普查与保护"第一次出现在"中央一号文件"中，但从资金投入、技术力量、保护体系等方面，都远不能和文物普查、传统村落调查、农业物种资源等普查相比。其实，对于农业文化遗产保护来说，给点阳光会更加灿烂。

《中国科学报》：您对农业文化遗产保护有什么样的建议？

闵庆文：我常常对遗产地的领导说，不要把农业文化遗产简单地理解成"文化遗产"问题，也不要理解成农业部门的问题，它是农业部门推动的农业和农村可持续发展问题。

其实，现在不少地方不是农民而是外来的企业在搞旅游开发，作为企业抓住商机搞经营，这没有错，但是，也应该清醒地意识到，很多相应的补贴并没有进入农民的口袋，对当地农民的收入增加并不显著。当地农民在过去很长时间经过生态化的生产活动，创造和保护了很多的生态资源、文化资源，但是却很少得到生态与文化的补偿。我认为，国家应该将补贴投入当地的基础设施建设，并重点对农民进行培训。

另外，有的地方对农业文化遗产的开发存在"跑偏"的现象，比如把当地的农民迁走或者重新打造一些景观。我认为，或许这些地方的景观打造和旅游发展很成功，但是从遗产保护的角度来看，其实是树了反面的典型。

对于"活态性"的遗产，重要的是维持"活态的"农业生产活动，首先是要调动并保护农民从事农业生产的积极性。农业文化遗产地如果没有农民进行农业生产，那就失去了其最根本的意义。所以，怎么处理好当地人和外地人、保护和发展、农业生产和旅游发展几个矛盾，都是需要特别注意的问题。

希望有关部门进一步加大对农业文化遗产保护的重视和支持，希望将农业文化遗产的保护融入到相关的政策中，并有对遗产地农民真正的支持。

品味敖汉小米 ①

    小时候吃过小米，那时因为生活贫困，只有在过年时才能吃到，留下的印象是黄澄澄、香喷喷，其中有心酸也有甜蜜。今天吃小米，已经是作为健康饮食的重要组成部分，每晚一碗小米粥，于我几乎已是一种习惯。

    我国是小米的故乡，有许多著名的地域性品牌和商业性品牌，有各种有机、绿色、无公害认证。但我眼里的"敖汉小米"则与众不同，因为她身上还有另外两个标志：2002 年联合国环境规划署授予的"全球环境 500 佳"，2012 年联合国粮农组织认定的"全球重要农业文化遗产"。前者说明了敖汉小米的生长环境，后者诠释了敖汉小米的历史演化。

    从生态地理角度看，敖汉旗的确称得上"得天独厚"。位于农牧交错区的敖汉旗，四季分明，日照丰富，昼夜温差大，雨热同期，积温有效性高，是适宜优质黍粟生长的黄金地带。"南山、中丘、北沙"的地貌类型，加上富含硼、锌、铜、硒等微量元素的土壤，农产品质量不好都不可能。"绿色杂粮在敖汉"的美誉就源自这得天独厚的生态地理条件。也正因为如此，敖汉旗 2014 年获得了中国作物协会粟类作物专业委员会授予的"全国县级最大优质谷子生产基地"称号。

    从品种资源角度看，敖汉小米完全够得上"药食同源"。富含人体所需的氨基酸和钙、磷、铁等微量元素的敖汉小米，营养丰富，质纯味正，香软可口，既是平衡膳食、调节口味的理想食品，更是营养进补、身体恢复的最佳选择。耐干旱、抗倒伏、适应性强、品质优良的特点，是 2013 年获得原国家质检总局地理标志产品的主要原因。

    从历史文化角度看，敖汉小米堪称"活着的文物"。2003 年，考古工作者在敖汉旗兴隆沟发掘出了粟和黍的碳化标本，为敖汉小米 8 000 年历史提供了有力

---

① 本文原为"敖汉小米音乐会"而作，后刊于《农民日报》2018 年 10 月 24 日第 8 版。

的证据。敖汉也因此获得了"中国古代旱作农业的起源地"的称号。

从农作方式角度看，敖汉小米可以说是"天然有机纯手工"。以小米为代表的敖汉杂粮大部分种植在山坡地和旱坡地上，农民们世世代代沿袭着施农家肥、间作套种、镇压保墒、人工除草等传统的耕作方式，有效减少了化肥和农药可能造成的农田污染。正可谓"敖汉杂粮，悉出天然"。

因为工作的原因，我去过敖汉旗多次，每次都有新的感受，也越发喜爱这个地方。我爱敖汉，是因为它有悠久的历史、灿烂的文化，因为它有美丽的田野、豪放的人民，还因为它有蕴含远古农耕文明基因、历经8 000年风雨而不衰的小米。

实际上，我们也看到了一些改变，如航天育种、众筹种田、电商销售、休闲农业、小米音乐会，等等。但变的是形式，不变的是内涵，是8 000年一以贯之的生物与文化的遗传基因和精神、信仰与文化，是至今仍然传承着的传统的小米品种、耕作技术、加工工艺、饮食文化和乡土文化。

我曾经很肤浅地把饮食分为四个阶段：吃饱、吃好、吃健康和吃文化。而且，我认为目前我们正处于第三阶段，即将步入第四阶段。正因为敖汉小米凝聚了人类8 000年的心血与智慧，如今，我们已经不再是"吃食品"，而是"品文化"。因为，它是"有文化内涵的生态农产品"的典型代表。

"敖汉"系蒙古语，其汉语意思是"老大"。祝愿"敖汉小米甲天下"成为现实。同时，也希望敖汉旱作农业系统这一世界上第一个、也是目前唯一一个以传统旱作为主体的全球重要农业文化遗产，能被保护好、传承好、利用好，并成为世界农业文化遗产保护与发展的样板。

哈尼梯田不能垮塌 ①

梯田紫米和红米是目前哈尼梯田种植较为普遍的传统品种。紫米属糯米类，紫米中含有丰富蛋白质、脂肪、赖氨酸、核黄素、硫安素、叶酸等多种维生素，以及铁、锌、钙、磷等人体所需微量元素。哈尼梯田红米属于糙米，营养极为丰富，特别是微量元素丰富，吃了特别耐饿，因此历来受到当地人民的欢迎。梯田红米极能适应气候变化和自然灾害，虽然该品种产量不高，但极为稳定。该品种极不耐肥，施了化肥后就会害上稻瘟病等病害，即使施农家肥也不能施多，是实实在在的绿色食品。

然而，梯田传统稻作品种的产量普遍较低，一般相当于杂交水稻产量的 1/2 甚至 1/3。在梯田申遗不断加热、梯田旅游快速发展的时候，人们似乎正在淡忘梯田生态系统的生产功能和梯田"三农"（农业、农村、农民）问题。事实证明，以有限景点为核心的旅游开发难以惠及生活劳作在面积广大的梯田上的百姓，而他们一旦不从事梯田农作转而投入到旅游接待中去时，没有了精心维护的梯田结局只有一个——垮塌！

目前梯田紫米和红米的价格普遍是普通大米的五六倍以上，已经显现出梯田农产品明显的比较优势和巨大的增值潜力。设想一下，如果有组织地大规模发展种植梯田紫米、红米这些传统品种，使辛勤耕作在梯田的人们能够以其丰富的经验与智慧在保护农业生物多样性、传承农业文化的同时获得更大的收益，作为具有重要意义的世界遗产的哈尼梯田的保护不就可以实现了吗？

---

① 本文原刊于《中国国家地理》2011 年 6 期 64 页。

到农业文化遗产地"过年"去 ①

猪年春节就要到了，对于许多人来说，春节或许还意味着"黄金周"和"旅行季"。

春节，俗称过年，还是"最中国"的文化节日，是中国最盛大、最热闹、最重要的古老传统节日，排在中国四大传统节日（另三个为清明节、端午节、中秋节）之首。2006 年 5 月 20 日，"春节习俗"被列入第一批国家级非物质文化遗产名录。

上了年纪的人往往都感到现在过年远不如过去那么隆重、那么热闹、那么让人期待，即使是在许多农村也是如此，而对城里出生、城里长大的年轻人来说，"春节"可能只是一种传说。冯骥才先生在荣获"2018 年中国非物质文化遗产年度人物"时就说了这样一句话：自从 20 世纪 80 年代，我便感到了"年"的缺失。

到哪儿"过年"去呢？这是个问题。

我们不可能回到过去，但我们可以跨过地域空间实现"时间穿越"。作为客居城市的"新移民"，不妨利用难得的黄金周，回家乡重温儿时的味道。作为久居城市的"老居民"，不妨利用难得的黄金周，到农村放松一下心情，去体味一下"年"的味道。

不过，许多农村也已经发生了很大的变化。而农业文化遗产地可能是"最农村"的地方，那里保留了很多"年的味道"。截至目前，农业农村部已经分四批发布了 91 项中国重要农业文化遗产，分布在 104 个县区市。其中许多还是联合国粮农组织认定的全球重要农业文化遗产。

浙江青田是我国第一个全球重要农业文化遗产地，到那里可以品尝田鱼宴，

---

① 本文部分内容收入孙琳撰写的"中国年、家乡梦"一文（《人民政协报》2019 年 1 月 29 日第 9 版）。

还可以和当地人一起跳起"鱼灯舞"。位于黔东南的从江是全球重要农业文化遗产地，是以苗、侗、水瑶、壮等少数民族为主的地区，春节民俗更是丰富多彩：小黄集体婚礼，龙图"赶略"，干团"鼓楼抢鸡"，占里"吃相思"，雍里"赶变婆"，顶洞"踩歌堂"，高传"祭萨"……云南红河哈尼梯田，是我国唯一的农业类世界文化遗产，也是唯一获得世界文化遗产和全球重要农业文化遗产称号的地方，到哈尼梯田集中分布的红河、元阳、金平、绿春四县，不仅可以观赏让人震撼的梯田美景、品味令人难忘的梯田美食，还可以感受哈尼族、彝族人的热情，欣赏民俗文化。

每个遗产地都各有特色，每个遗产地都值得一去。

《舌尖上的新年》中有这样一句话：现代化生活已经不需要看天时，不需要春节来传承经验和指导耕作，春节已经失去了历史意义。

城市化是历史发展的必然，但城市化并不一定意味着传统文化的必然消失，农业文化遗产地就是保留着传统文化的"活化石"。

走，到农业文化遗产地"过年"去！

后　记

做好最后的编排工作后，想想还是有几句话要说。记录于此，权当后记。

联合国粮农组织的"全球重要农业文化遗产（GIAHS）"经历了从概念开发（2002—2005 年）到项目准备（2005—2008 年）、再到项目实施（2009—2014 年），完成了从项目到计划（2014—2015 年）的成功转变，目前已步入稳定发展阶段，美、澳等国已不再坚决反对、越来越多的国家积极申报就是最好的证明。

"中国是 GIAHS 倡议的最早响应者、积极参与者、成功实践者、重要推动者、主要贡献者"的评述较为客观：成功推荐首批试点并第一个正式授牌（2005）；第一个成功举办项目启动活动（2009）；第一个成功承办"GIAHS 国际论坛"（2011）；成功推动将 GIAHS 写入《亚太经合组织（APEC）粮食安全部长会议宣言》（2014）和《二十国集团（G20）农业部长会议宣言》（2016）；第一个举办"GIAHS 高级别培训班"（2014 年起每年一届），第一个开始国家级农业文化遗产发掘工作（2012 年开展中国重要农业文化遗产发掘与保护工作，已分四批发布 91 个项目）；第一个颁布管理办法（2015 年颁布《重要农业文化遗产管理办法》）；第一个开展 GIAHS 监测评估（2015）；第一个开展全国性农业文化遗产普查（2016 年作为写入中央"一号文件"的工作并于当年发布 408 项具有潜在保护价值的农业文化遗产）；第一个获得"全球重要农业文化遗产特别贡献奖"（闵庆文于 2013 年获奖）；第一个因农业文化遗产保护而获得"亚太地区模范农民"（金岳品于 2014 年获奖）；李文华院士首任 GIAHS 项目指导委员会（ST）主席（2011）；闵庆文研究员首任 GIAHS 科学咨询小组（SAG）主席（2016）；等等。此外，我们还是拥有 GIAHS 数量最多的国家（15 项）、进行农业文化遗产主题展示次数最多的国家（2010 年"首届农民艺术节"期间设置了"农业文化遗产主题展"，回良玉副总理、韩长赋部长等观展；2012 年"中华农耕文化展"设置了"全球重要农业文化遗产成果展"，乌云其木格副委员长、张梅颖副主席、韩长赋部长等观展；2014 年"第十二届中国国际农产品交易会"设置

"全球重要农业文化遗产展厅"，韩长赋部长观展；2017年"第十五届中国国际农产品交易会"设置"全球重要农业文化遗产展厅"，汪洋副总理、韩长赋部长观展；2018年11月23日至2019年3月16日成功举办"中国重要农业文化遗产主题展"，韩长赋部长、余欣荣副部长、屈冬玉副部长以及一批外国驻华使节、部分全国政协委员观展；出版专著与发表学术论文最多；东亚地区农业文化遗产研究会（ERAHS）的发起者……

成就之下并非没有问题。例如：科学研究有待深入，特别是多学科综合性研究还不能满足农业文化遗产保护与发展的现实需求；与日本等国家相比，遗产保护机制与机构不够完善；与韩国等国家相比，遗产保护与发展的投入明显不足；品牌影响力和领导重视程度远低于自然遗产、文化遗产、非物质文化遗产、地质公园甚至是传统村落、森林公园等；多数遗产地居民因为收益偏低保护积极性不高……

造成上述问题的原因是多方面的，其中一个重要方面是许多人对农业文化遗产的概念、重要价值与动态保护的理念、保护与发展途径认识不清。在我参加的很多次论坛、报告会、咨询会、研讨会等以及与诸多地方领导的交流中，最多的反映是"农业文化遗产，没有听说过啊？"我也曾多次自嘲，由于基层主管领导和分管领导变化较快，"这些年做得最多的是反复向基层领导们进行农业文化遗产科普"。

"不仅要做好科研工作，还要做好咨询服务；不仅要做好学术研究，还要做好科普宣传"，是我们过去十多年来工作的基本思路。为此，曾于2013年在《农民日报》开设"农业文化遗产"专栏，2018年在《农民日报》多次开设"农业文化遗产"专版，多次在组织《世界遗产》组织专辑，在《中国国家地理》《中华遗产》《世界环境》《生命世界》等组织专题或封面文章，在"China Daily"《光明日报》《科技日报》《中国科学报》《中国文物报》等组织专版文章，与中央电视台农业频道《科技苑》栏目联合拍摄大型专题片《农业遗产的启示》等。

偶尔翻翻在报刊上所发的这些科普性短文，发现尽管由于阶段性认识的局限存在一些问题，但总体而言对于快速、系统了解农业文化遗产的概念与内涵、保护与发展的理念与指导保护与发展实践还是有所帮助的。以《农业文化遗产知识读本与实操指导系列》形式分3册汇编的这101篇短文，着重阐述了三个问题：什么是农业文化遗产？为什么保护农业文化遗产？如何保护农业文化遗产？

全套书正文部分为作者单独或合作（合作文章均列出了作者名单）的文章

101篇，绝大多数已在有关报刊发表。此外，还以"延伸阅读"的形式，在相应部分附上了韩长赋、杨绍品、李文华、赵立军、叶群力与徐向春、伍丽贞、郑惊鸿与徐峰等的文章，相关节日的背景与年度主题，以及两次GIAHS国际论坛所发"宣言"，在第一册后附上，截至2019年3月的全球重要农业文化遗产名录、中国重要农业文化遗产名录和2016年全国农业文化遗产普查所分布的具有保护价值的潜在农业文化遗产名录。征得李文华院士同意，"拥抱农业文化遗产保护的春天"一文作为系列丛书序言。

需要说明的是，因为年度时间跨度大（2006—2019）、农业文化遗产工作发展快等多种原因，有些文章可能有些过时、重复，甚至有前后表述不一致的地方，除部分作了简单标注并对明显错误进行修改外多数还是以原貌形式展现。"保持原貌"既是为了记录农业文化遗产的发展历程，也是为了让读者能够了解我对农业文化遗产及其保护这一科学问题认识的变化过程。

借此机会，真诚感谢我的导师李文华院士对我的引导和指导，是他老人家将我引入了这个"冷门但意义重大的领域"并持续给予强力支持；真诚感谢我的家人对我的理解和支持，是他们的理解和支持才使我有不断前行的动力；真诚感谢过去十多年来和我一起跋山涉水深入遗产地、饱受煎熬难以出成绩但依然无怨无悔陪我坚守的团队成员和学生们，特别感谢长期给予强力支持的联合国粮农组织、农业农村部和中科院地理资源所领导，有关高校和科研单位的前辈和同人，各遗产地领导和农民朋友、新闻媒体和有关企业的朋友，以及其他所有热心于农业文化遗产保护事业的师友。特别感谢农业农村部对本套书出版的资助。今年是农历己亥猪年，猪也是农业文化中一种吉祥和富裕的象征，在此祝愿所有关心、支持和帮助我的人，祝愿所有"农业文化遗产守护者"，猪年大吉、诸事顺利！

2019年4月2日